Andrea Gentile

WIE KOMMT DER SAND AN DEN STRAND?

WISSENSCHAFT UNTERM SONNENSCHIRM

Aus dem Italienischen von
Johannes von Vacano

Atlantik

Die Originalausgabe erschien 2014 unter dem Titel
La scienza sotto l'ombrellone bei Codice edizioni, Turin.

*Atlantik-Bücher erscheinen im
Hoffmann und Campe Verlag, Hamburg*

1. Auflage 2015
Copyright © 2014 by Codice edizioni, Turin
Für die deutschsprachige Ausgabe
Copyright © 2015 by Hoffmann und Campe Verlag, Hamburg
www.hoca.de www.atlantik-verlag.de
Satz: Farnschläder & Mahlstedt, Hamburg
Gesetzt aus der Sabon
Druck und Bindung: GGP Media GmbH, Pößneck
Printed in Germany
ISBN 978-3-455-70009-1

HOFFMANN
UND CAMPE

Ein Unternehmen der
GANSKE VERLAGSGRUPPE

INHALT

CHEMIE

BIOLOGIE

UMWELT

ZUSATZINFORMATIONEN UND WISSENSWERTES

EINLEITUNG

Wann immer ich an den Strand aus meinen Kindertagen denke, kommen mir die neunziger Jahre in den Sinn, die toskanische Küste und ein Sandburgen-Wettbewerb. Als Kind liebte ich es, Gräben anzulegen und Türme zu errichten und sie anschließend zu verzieren. Ich ließ nassen Sand aus der geballten Faust rieseln und erzeugte auf diese Weise immer neue ausgefeilte Schnörkeleien. In meiner Phantasie entwarf ich komplexe mehrstöckige Bauten, deren Umsetzungen meist hinter der Vorstellungskraft zurückblieben; aber ich konnte mich stundenlang damit beschäftigen. Schade nur, dass ich zu den Kindern gehörte, die leicht Sonnenbrand bekamen. Nase und Wangen weiß mit Sonnencreme bemalt, verbrachte ich die meiste Zeit damit, im Schatten Comics zu lesen oder auf Tauchstation im Meer, wo ich mich mit der treuen Taucherbrille auf der Nase von einer faszinierenden Unterwasserwelt gefangen nehmen ließ, in der Klänge und Farben so viel seltsamer waren als an der Oberfläche.

Dieses Buch entstand aus ebendiesen Erinnerungen: Erinnerungen an diese Strände und an die kindliche Neugierde, die unersättlich wissen und kennenlernen will, was sie noch nicht versteht, aus dem so oft und gierig geforderten »Warum«, das teils die Zeit vertreiben und teils erklären sollte, wie die Welt funktioniert. Ich hatte großes Glück mit meinen Eltern, die sich schon immer mit wissenschaftlichen Themen befasst haben. Mit ihren Antworten eröffneten sie mir eine Welt, die aus Gesetzmäßigkeiten bestand, aus Ursache und Wirkung, aus Physik, Medizin, Chemie und Biologie.

Wissenschaftliche Geheimnisse verbergen sich hinter jedem Aspekt des täglichen Lebens, aber gerade im Urlaub, wenn man so viel freie Zeit und Langeweile hat, ist man besonders neugierig. Der Neugier, die am Strand entsteht, ist dieses Buch gewidmet. Es öffnet kleine Fenster auf ein geheimnisvolles Universum, das ihr nicht zwingend Seite für Seite erkunden müsst. Lasst euch von den Wellen treiben; ihr könnt jederzeit eurem eigenen roten Faden folgen und von einem Thema zum nächsten springen. Die folgende Übersicht ist in vier Bereiche gegliedert (Physik, Chemie, Biologie und Umwelt); lasst euch von dieser praktischen Einteilung jedoch nicht täuschen: Jedes Kapitel weist Einflüsse der verschiedenen Disziplinen auf.

Betrachtet dieses Buch als einen schönen Tag am Strand. Im physischen Teil erreichen wir die Küste und springen erst einmal ins Meer: Wir entdecken die Welt der Wellen und das Geheimnis des »toten Mannes«, wir erfahren, weshalb unsere Wahrnehmung unter Wasser anders ist und wie man einer Strömung entkommt. Wenn wir das Meer wieder verlassen, ist der richtige Zeitpunkt gekommen, uns an der perfekten Sandburg zu versuchen.

Zu viel Sonne ist jedoch auch nicht gut, daher suchen wir besser Schutz im Schatten des Sonnenschirms, inmitten der chemischen Elemente, und erforschen, wie Sonnencremes funktionieren und wie Muscheln entstehen. Wir betrachten das Meerwasser unter dem Mikroskop und finden heraus, weshalb es salzig und wie sauber es ist, wir geben den einen oder anderen Hinweis zu schmerzhaften Begegnungen mit Quallen und enthüllen, ob man am Meer tatsächlich Jod atmet.

Nach einem kurzen Mittagsimbiss überbrücken wir die Wartezeit, bis wir wieder ins Wasser dürfen, indem wir ein wenig Biologie wiederholen: Die Zeit vergeht wie im Fluge, während wir die Tricks für eine perfekte (und gefahrlose) Bräunung verraten und erklären, weshalb wir kein Meerwasser trinken können. Endlich dürfen wir wieder in die Wellen springen, um die Lebewesen und die Tiefen des Meeres zu erforschen. Während wir uns dem Meeresboden nähern, können wir beobachten, wie sich unser Körper beim Tauchen verändert.

Sobald wir wieder an der Oberfläche sind, erwartet uns der Teil, der Natur und Umwelt gewidmet ist und in dem wir miterleben, wie unter dem Einfluss von Winden und Stürmen ein Strand geboren wird und sich verändert. Nach dem Sturm ein wenig Ruhe: Ausgestreckt betrachten wir den Himmel, um alle vorbeiziehenden Wolken zu benennen. Es ist Abend geworden: Zeit zu gehen und den Strand makellos rein und frei von Abfall zu hinterlassen. Zum Abschluss wenden wir uns noch einmal um und erblicken zufällig eine Sternschnuppe; wir wünschen uns, dass die zwischen diesen Seiten verbrachte Zeit angenehm gewesen sein möge.

DIE WELLEN

Selbst mit geschlossenen Augen – wir müssen nur hinhören, um zu wissen, dass sie da sind. Ob mit trägem Schwappen oder rauschendem Krachen, die Wellen erinnern uns immer daran, wie dynamisch ein Strand ist. Doch woher kommen die Wellen? Warum erscheint das Meer manchmal flach wie ein Brett, während es zu anderen Zeiten von großen Brechern zerstampft wird? Die Antwort – das singt schon Bob Dylan – weht im Wind. Der Wind ist nämlich verantwortlich für die ständige Bewegung, der Meere und Ozeane unterworfen sind.

WIE WELLEN ENTSTEHEN

Würde nicht der Wind das Meer aufwühlen, wäre da nur eine große Wasserfläche, reglos wie eine Pfütze nach einem Wolkenbruch. Man braucht sich jedoch nur über diese Pfütze zu beugen und ganz sacht auf sie hinabzupusten, um ihre Oberfläche zu kräuseln und kleine Wellen hervorzurufen, die sich von ihrem Ursprungsort bis an die Ränder des Wasserflecks fortsetzen.

Dasselbe geschieht im Meer. Wellen sind einer der wichtigsten Faktoren, die das Wesen eines Strandes bestimmen, da sie Energie transportieren. Der Wind, der über das Meer weht, überträgt nämlich die eigene Energie – anhand der Reibung – auf die Wasseroberfläche, und diese Energie wird bis an die Küste getragen. Auf hoher See ist die Oberfläche selten reglos, hier und da erheben sich kleine Kräuselungen, die nur darauf warten, vom Wind verstärkt und aufgebauscht zu werden. Je stärker und je länger dieser bläst, desto mehr Energie überträgt sich auf die Wellen, und je mehr die Wellen miteinander verschmelzen, desto größer werden sie und desto weiter können sie gelangen.

Dabei wird jedoch keine Materie fortbewegt, sondern Energie, da die einzelnen Moleküle sich höchstens ein ganz klein wenig bewegen. Ein Beispiel: Legt beide Hände auf einen Tisch, hebt die rechte und tippt unterschiedlich weit von der anderen entfernt auf die Tischplatte. Die linke Hand wird jeweils eine Schwingung spüren: Das ist die Energie, die von der angetippten Stelle ausgehend bis zur Hand übertragen wurde. Etwas ganz Ähnliches spielt sich auf hoher See ab, wo der Wind die Wassermoleküle an der Oberfläche in eine kreisförmige Bewegung versetzt, die – begünstigt durch die Erdanziehungskraft – nach unten zielt und sie nach kurzer Zeit wieder an dieselbe Stelle bringt (vgl. Abbildung 1). Diese Bewegung wird an die darunterliegenden Teilchen weitergegeben und setzt sich auf diese Weise fort, bis sie mit zunehmender Tiefe nach und nach schwächer wird und schließlich verschwindet; etwas anderes bewegt sich jedoch in Windrichtung weiter: die Welle, die aus dem Kreisen der Teilchen entsteht.

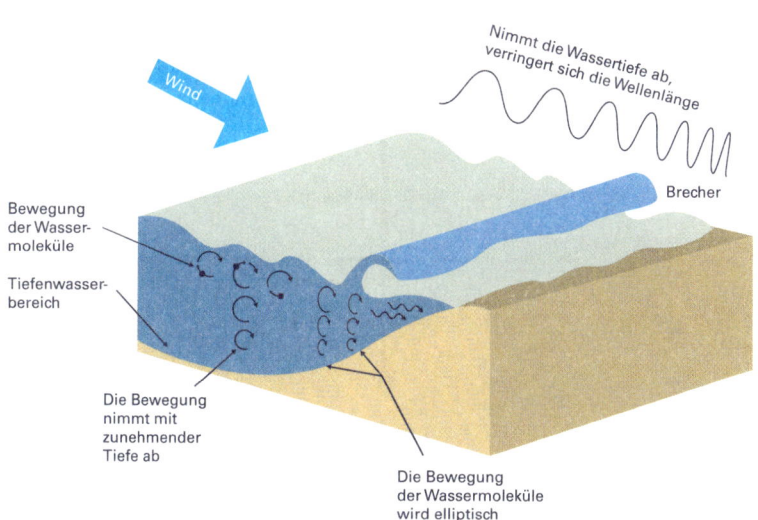

Abbildung 1 – Wellenbildung und »Shoaling«

〰 WELLENEIGENSCHAFTEN

Wie jede Welle, die etwas auf sich hält (zum Beispiel Licht oder Schall), kann auch die Welle im Meer anhand einiger grundlegender Eigenschaften beschrieben werden (vgl. Diagramm 1): Höhe, Länge und Periode. Die *Höhe* einer Welle ist der Abstand zwischen ihrem Kamm (dem höchsten Punkt) und ihrem Tal (dem tiefsten Punkt), und während eines Sturms findet man etwa im Mittelmeer auf offener See Wellen mit mehr als acht Metern Höhe. Der Abstand zwischen zwei Kämmen (oder zwei Tälern) heißt hingegen *Wellenlänge*, und ein Tsunami, zum Beispiel, kann eine Wellenlänge von mehreren Hundert Kilometern haben. Die *Periode* bezeichnet schließlich die Zeit, die an einem bestimmten Punkt verstreicht, bevor auf einen Kamm (oder Tal) der nächste folgt.

Schnellere Wellen weisen in der Regel eine kürzere Periode auf, die mitunter nur Sekundenbruchteile umfassen kann, langsamere – wie die Gezeiten – kommen üblicherweise auf etwas mehr als zwölf Stunden.

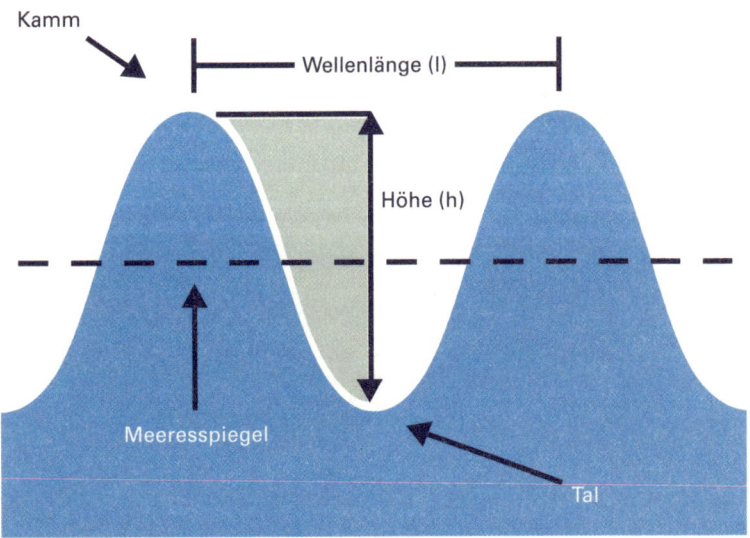

Kamm

Wellenlänge (l)

Höhe (h)

Meeresspiegel

Tal

Diagramm 1 – Welleneigenschaften

～ ZWEI SORTEN MEER

Das Meer ist ständig in Bewegung, und mit dem bloßen Auge lassen sich zwei verschiedene Zustände unterscheiden. Bei Wind ist die Wasseroberfläche chaotisch und aufgewühlt, von kleinen, kurzen Wellen erschüttert; in diesem Fall spricht man allgemein von Seegang (oder spezieller von Windsee; vgl. Tabelle 1). Wenn Windstille herrscht, der Meeresspiegel jedoch von Wellen durchzogen ist, die von zuvor wehendem Wind oder einem weiter entfernten Sturm herrühren, so nennen wir diesen Zustand Dünung (auf Englisch: *swell*). In diesem Fall weisen die Wellen sehr große Abstände und eine höhere Periode auf.

WINDSEE

Bezeichnung Klassifikation des Seegangs	Durchschnittliche Wellenhöhe
0 spiegelglatte See	—
1 gekräuselte, ruhige See	0–0,10 m
2 schwach bewegte See	0,10–0,50 m
3 leicht bewegte See	0,50–1,25 m
4 mäßig bewegte See	1,25–2,50 m
5 grober Seegang	2,50–4 m
6 sehr grober Seegang	4–6 m
7 hoher Seegang	6–9 m
8 sehr hoher Seegang	9–14 m
9 schwerer Seegang	mehr als 14 m

Tabelle 1 – Douglas-Skala

〰 DU BIST ABER EINE GROSSE WELLE!

Wovon hängen die Ausmaße einer Welle ab? Wie schon gesagt wird das in erster Linie davon bestimmt, wie stark und wie lange der Wind auf das Meer bläst; man muss jedoch auch einen weiteren Faktor berücksichtigen: den *Fetch* (auch Windlauf- oder Streichlänge). Dieses Wort bezeichnet die Fläche des offenen Meeres, auf welcher der Wind mit konstanter Stärke und Richtung und ohne Unterbrechung wehen kann. Zum Beispiel werden auf einem See mit nur wenigen Hundert Metern Fetch die Wellen nur bescheidene Dimensionen erreichen. Um zu wachsen benötigen die großen, von Wind verursachten Wellen viele Kilometer freie Fläche sowie Windgeschwindigkeiten von mehreren Hundert Kilometern pro Stunde – und das über Stunden oder sogar Tage hinweg.

〰 WELLE AUF WELLE

Wir wissen jetzt, wie Wellen entstehen – aber wie verhalten sie sich? Auf offener See können viele Wellen von ganz unterschiedlicher Größe zusammenkommen, die weit entfernten Stürmen entsprungen sind und von diesen in ganz unterschiedliche Richtungen geschoben wurden.

Wenn solche Wellen aufeinandertreffen, kommt ein Effekt ins Spiel, der in der Physik als *Interferenz* bezeichnet wird. Aus zwei verschiedenen Wellen entsteht eine Welle, deren Amplitude in jedem Punkt der algebraischen Summe der Amplituden der einzelnen Wellen entspricht.

Verfügen beide Wellen entweder über eine positive oder über eine negative Amplitude (oberhalb oder unterhalb des ruhenden Meeresspiegels), so werden diese addiert; ist jedoch die eine positiv und die andere negativ, werden sie subtrahiert. Nehmen wir als Beispiel zwei Wellen gleicher Höhe und mit identischer Periode, die sich in Phase bewegen (mit gleichen Kämmen und Tälern): An der Stelle, wo sie sich treffen, entsteht eine Welle, deren Höhe das Doppelte der einzelnen Ursprungswellen aufweist (*konstruktive Interferenz*).

Sollte die Phase dieser beiden Wellen jedoch versetzt sein (jedem Kamm steht ein Tal gegenüber, und umgekehrt), würden die beiden Wellen sich gegenseitig aufheben und das Meer an jener Stelle ganz ruhig werden (*destruktive Interferenz*).

In welche Richtung bewegt sich eine Welle, die aus einer solchen Begegnung entsteht? Um das zu erfahren muss man lediglich das Prinzip des Parallelogramms anwenden. Am Schnittpunkt X nehmen wir zwei Segmente, welche die Ausrichtung (anhand der Linie), die Bewegungsrichtung (anhand der Pfeilspitze) und die Geschwindigkeit (anhand der Länge) der Wellen darstellen, und konstruieren ein Parallelogramm wie in Diagramm 2. Die Richtung der entstehenden Welle entspricht der Diagonalen der Figur (dieser Vorgang nennt sich *Vektorsumme*).

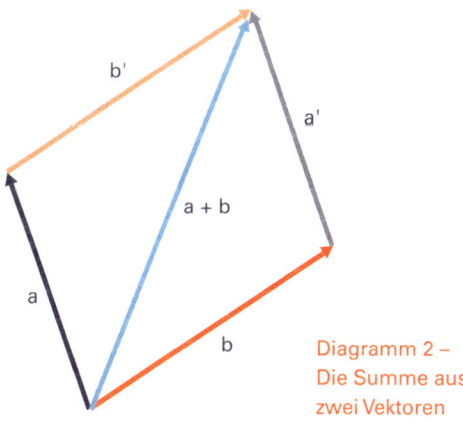

Diagramm 2 –
Die Summe aus
zwei Vektoren

Der Wellengang weist auch noch andere Verhaltensweisen auf, die mit den Gesetzen der Physik beschrieben werden können. In der Tat können Wellen reflektiert, diffraktiert (zerstreut) und refraktiert (gebrochen) werden. Trifft eine Welle beispielsweise auf einen Damm, erfährt sie einen *Reflexions*-Effekt: Sie wird zurückgeworfen (wobei der Reflexionswinkel dem Einfallswinkel entspricht) und verliert aufgrund der Reibung etwas an Energie. Wenn eine Welle eine Engstelle durchquert, die im Verhältnis kleiner ist als ihre Wellenlänge – wie beispielsweise in einer Hafeneinfahrt –, bewegt sie sich anschließend nicht in derselben Richtung weiter, sondern wird kreisförmig zerstreut (*Diffraktion*). Schließlich können Wellen auch *refraktiert* werden: Nähern sie sich der Küste, reduziert nämlich die Interaktion mit dem Meeresboden ihre Geschwindigkeit, wobei ihre Höhe zunimmt (ein Prozess, den man *Shoaling* nennt), bis sie schließlich brechen.

◑ WENN DIE WELLE BRICHT

In *Point Break*, einem Film von Kathryn Bigelow mit Patrick Swayze und Keanu Reeves, ist der wahre Protagonist der *Brechpunkt*. Surfer kennen ihn nur allzu gut: Es ist die Stelle, an der eine Welle plötzlich auf flachen Meeresboden trifft und unter stürmischem Tosen bricht. Die Ursache sollt ihr gleich erfahren. Wie wir bereits festgestellt haben, transportiert eine Welle Energie, die sie vom Wind gewonnen hat. Sie setzt sich manchmal kilometerweit fort und kann so bis zur Küste gelangen. Betrachtet ihr eine Welle vom Strand aus, so müsst ihr bedenken, dass die Welle, die sich vom offenen Meer nähert, sich dabei verändert (vgl. Abbildung 1). Während der Meeresgrund ansteigt, nimmt auch die Reibung zu, und der untere Teil der Welle wird langsamer. Eine Welle beginnt, den Boden zu »spüren«, wenn die Tiefe weniger als die halbe Wellenlänge beträgt. Um die Energie zu erhalten, nimmt die Höhe der Welle zu, wobei sie allerdings kürzer wird, bis zu dem Punkt, an dem der obere Teil der Welle den unteren »überholt« und zu brechen beginnt und die mitgeführte Energie freigesetzt wird. Auf diese Weise kann man anhand der Wellen die Beschaffenheit des Meeresbodens erraten: Brechen die Wellen weit draußen, so liegt es daran, dass sie auf ein Hindernis gestoßen sind. Ist euch schon aufgefallen, dass an einem Sandstrand die Wellen unmittelbar vor einer Sandbank brechen? Jetzt wisst ihr, wieso.

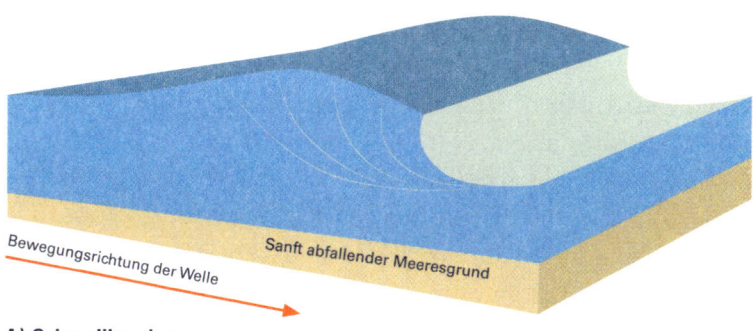

A) Schwallbrecher

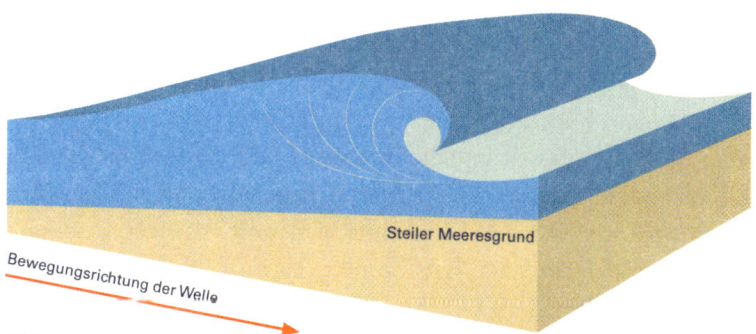

B) Sturzbrecher

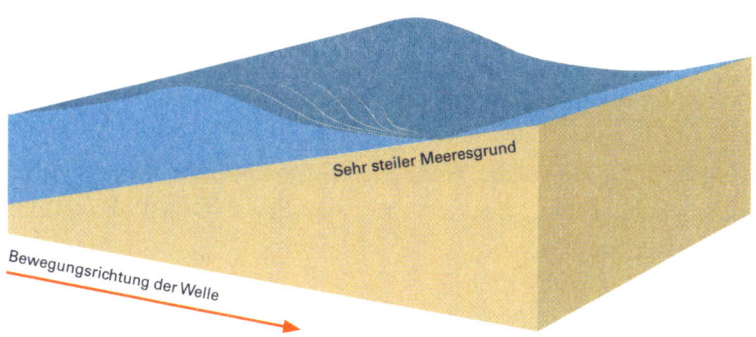

C) Reflexionsbrecher

Abbildung 2 – Brecherformen

◝ MAN NENNT SIE »BRECHER«

Einem Surfer dabei zuzusehen, wie er eine Welle reitet, ist immer wieder atemberaubend. Noch faszinierender wird es, wenn er sie durchquert. Es gibt verschiedene Arten von brechenden Wellen – in der Fachsprache ist von Brechern die Rede (oder *breakers*) – und jede einzelne ist auf ihre Weise spektakulär (und gefährlich; vgl. Abbildung 2).

Spilling Breakers (Schwallbrecher): Fällt ein Strand sehr sanft ins Meer ab, verlieren die Wellen ihre Energie allmählich und brechen schließlich weit vor der Küste. Dabei entsteht eine Menge Schaum, der dann zum Strand getragen wird. Obwohl diese Wellen sehr groß werden können und manchmal mehrfach brechen, bevor sie sich auflösen, ist es recht leicht, auf ihnen das Surfbrett zu besteigen. *Plunging breakers* (Sturzbrecher): Das sind die Wellen, die sich einrollen und einen Tunnel bilden, den Surfer unbeschadet zu durchqueren versuchen. Sie entstehen an Stränden mit einem steil ansteigenden Meeresgrund, der oft aus einer Sandbank oder jäh aufragenden Felsen besteht. Der untere Teil der Welle verliert hier schnell an Geschwindigkeit, während der obere Teil sich ungehindert fortbewegt und im Fallen die Luft wie in einer Röhre umschließt. Dabei setzt sich die gesamte Energie auf einmal frei, was solche Wellen sehr gefährlich macht. *Surging Breakers* (Reflexionsbrecher): Steigt der Strand sehr steil an, wächst die Welle, während sie den Meeresboden erklimmt, bevor sie sich aufrichtet und plötzlich am Ufer bricht. Was sie besonders gefährlich macht, ist oft der starke Sog, der das Wasser wieder in die Tiefe zieht. Eine solche Welle erreicht vielleicht keine beeindruckenden Ausmaße, aber sie kann einen Erwachsenen ohne weiteres umwerfen.

~ SONNE, MOND UND GEZEITEN

Gestirne beeinflussen uns. Nein, es geht nicht um Horoskope, sondern um die Gezeiten. Tatsächlich sind Meere und Ozeane der Anziehungskraft zweier wichtiger Himmelskörper ausgesetzt: dem Mond und der Sonne. Wer schon einmal in Mont-Saint-Michel war, an der Küste des Ärmelkanals in der Basse-Normandie, wird wahrscheinlich Zeuge eines überwältigenden Naturphänomens geworden sein. Bei Ebbe ist der Ort umgeben von einer sandigen Ebene, durch die sich das eine oder andere Rinnsal schlängelt. Mit der Flut allerdings verwandelt er sich in eine malerisch umwogte Insel, die nur über eine einzige Straße noch mit dem Festland verbunden ist. In Mont-Saint-Michel erreicht der *Tiden-*

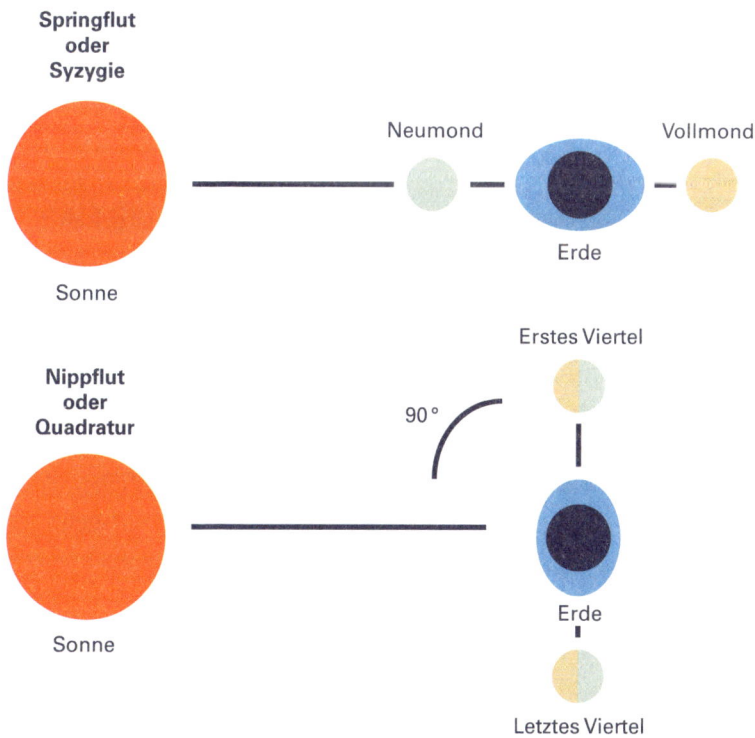

Abbildung 3 – Die Gezeiten

hub (der Unterschied zwischen höchstem und niedrigstem Wasserstand) sage und schreibe 14 Meter.

Wie können Sonne und Mond Wassermassen dieser Größenordnung verschieben? Des Rätsels Lösung liegt in der Schwerkraft. Wenn unser Trabant, der Mond, sich über die Ozeane hinwegbewegt, übt er eine Anziehungskraft auf sie aus und erzeugt eine Erhebung im Wasser (einen sogenannten Flutberg). Eine entsprechende Erhebung entsteht auf der genau gegenüberliegenden Seite des Planeten, was auf die Zentrifugalkraft zurückzuführen ist, die sich aus der Rotation der Erde um ihre Achse ergibt. Dasselbe gilt für unseren Stern, wenngleich die Sonne aufgrund der großen Entfernung eine geringere Kraft ausübt (vgl. Abbildung 3). Treten beide Einflüsse gemeinsam auf, kann das deren Wirkung verstärken (*Springflut* oder *-tide*) oder abschwächen (*Nippflut*). Im ersten Fall wird die größtmögliche Differenz zwischen höchstem und niedrigstem Wasserstand erreicht, im zweiten Fall hingegen die kleinste. In einem lunaren Monat – den 29 Tagen zwischen einem Vollmond und dem nächsten – haben wir also zwei Phasen von Springflut und zwei von Nippflut. Das bedeutet, dass sich alle sieben Tage die Strömung umkehrt und der zuvor steigende Tidenhub umschwenkt und wieder abfällt (oder umgekehrt).

Man kann sich die Gezeiten wie eine Welle vorstellen: Die Flut stellt den Kamm der Welle dar, die Ebbe ihr Tal. Im Unterschied zu anderen Wellen hat sie jedoch eine sehr lange Periode, die sich im Allgemeinen auf 12 Stunden und 25 Minuten beläuft (je nach Beschaffenheit der Küste). Aufgrund der Erddrehung und der Kreisbahn des Mondes um die Erde tritt die Gezeitenwelle an einem mustergültigen Strand also zweimal täglich auf. Außerdem läuft die Flut nicht zu einer gleichbleibenden Uhrzeit ein, vielmehr verschiebt sich der Zeitpunkt jeden Tag etwa 50 Minuten nach vorne.

⚬ KANN ES BEI UNS EINEN TSUNAMI GEBEN?

Tsunami ist ein japanisches Wort und bedeutet »Hafenwelle«, was auf die Verheerungen hinweist, die ein Tsunami in Küstengebieten anrichten kann. Dasselbe Phänomen wird auch als Erdbebenwoge bezeichnet. Was es bedeutet, wissen wir allzu gut. Denken wir nur an den schlimmsten Tsunami der Geschichte, der am 26. Dezember 2004 über Thailand und Indonesien hereinbrach und fast 300 000 Menschenleben forderte. Oder jenen, der am 11. März 2011 Japan überrollte und durch die Schäden am Atomkraftwerk von Fukushima drohte, einen nuklearen Supergau zu verursachen.

Wie entsteht ein Tsunami? Die Riesenwelle, die auf das Festland stürzt, wird von einem Ereignis hervorgerufen, das gewaltige Wassermassen verdrängt. Dabei kann es sich um ein unterseeisches Erdbeben handeln, einen Erdrutsch, einen Vulkanausbruch oder den Aufprall eines Meteoriten. Wichtig ist, dass eine große Menge Energie freigesetzt werden muss, die über die Wellen des Meeresspiegels übertragen wird. Diese Wellen können Tausende Kilometer zurücklegen und dabei Geschwindigkeiten von bis zu 1000 Stundenkilometer erreichen, bei einer Wellenlänge von 100 Kilometern oder mehr. Sobald die Welle sich der Küste nähert, interagiert die Welle mit dem ansteigenden Meeresboden, wodurch, wie wir bereits gesehen haben, ihre Höhe zunimmt, während Geschwindigkeit und Länge abnehmen. Das ist der Moment, in dem das Meer sich zurückzieht, als gäbe es eine plötzliche Ebbe, nur um sich anschließend über das Ufer zu ergießen. Der größte Tsunami, der je aufgezeichnet wurde? An der Lituya Bay, in Alaska, stürzte 1959 aufgrund eines Erdbebens ein Teil der Küste ins Meer: Die Wellen auf der anderen Seite der Bucht waren über 500 Meter hoch.

Aufgrund seiner erhöhten seismischen Aktivität ist beispielsweise auch Italien ein Risikoland für Tsunamis. Dem Istituto Nazionale di Geofisica e Vulcanologia, dem italienischen Nationalinstitut für Geophysik und Vulkanologie zufolge haben sich an Italiens Küsten seit dem berühmten Ausbruch des Vesuvs 79 n. Chr.

etwa 72 Tsunamis ereignet. Der Großteil war nicht besonders stark, einige haben jedoch heftige Zerstörungen nach sich gezogen. Einer der bekanntesten folgte auf das Erdbeben von Messina, 1908, und betraf die Gegenden rund um die Meerenge zwischen Sizilien und Kalabrien. Die Wellen erreichten Höhen von über 12 Metern. Am Ende forderte die Katastrophe mehr als 100 000 Opfer.

WARUM WIR SCHWIMMEN (UND UNTERGEHEN)

Wenn Kinder sich das erste Mal ohne Schwimmringe oder Schwimmflügel ins Wasser wagen, haben sie vor einem ganz besonders Angst: unterzugehen. Dabei hat Archimedes von Syrakus doch bereits im dritten Jahrhundert vor Christus das Geheimnis des Schwimmens gelüftet – und dabei sein berühmtes »Heureka!« ausgestoßen. Sein Prinzip enthüllt nicht nur, weshalb wir in der Lage sind, an der Wasseroberfläche zu bleiben, sondern ermöglicht auch, stabilere Schiffe zu konstruieren; kurioserweise betrifft das auch kleine und große (Heißluft-)Ballons, die durch die Lüfte fliegen.

HEUREKA, ES SCHWIMMT!

Der sizilianische Gelehrte Archimedes hat es gut erklärt: »Ein Körper, der teilweise oder vollständig in eine Flüssigkeit getaucht ist, erfährt einen Schub aus der Tiefe in die Höhe, der dem Gewicht der verdrängten Flüssigkeit entspricht.«

Diesen hydrostatischen Schub nennt man *Auftrieb*. Er gilt für Wasser ebenso wie für alle anderen Flüssigkeiten und sogar für Gase. Um zu verstehen, wie diese Kraft wirkt, könnt ihr einfach versuchen, am Strand einen Freund anzuheben: Sofern er nicht besonders leicht ist und ihr gut in Form seid, könnte sich das recht schwierig gestalten. Versucht es noch einmal unter Wasser, ohne ihn über die Oberfläche zu heben, und es wird euch ohne weiteres gelingen: Da ist die Kraft des Archimedes am Werk.

Sehen wir uns das genauer an. Wie jedes andere Objekt auch, wird der menschliche Körper von einer Kraft nach unten gezogen, die von seiner Masse und der Schwerkraft abhängt. Sobald wir ins Wasser eintauchen, wirkt dieser Kraft der Auftrieb des Archimedes entgegen (der dem Gewicht des verdrängten Wassers entspricht).

Das ist jedoch nicht alles. Entscheidend beim Schwimmen ist nämlich die Dichte. Hat der Gegenstand eine geringere Dichte als Wasser, schwimmt er oben; ist die Dichte hingegen höher, sinkt er nach unten.

Die Ursache ist schnell gefunden, auch wenn ein bisschen Mathematik nötig ist, um sie zu verstehen. Tauchen wir zunächst einmal einen Körper unter Wasser.

Wie schon erwähnt entspricht der Auftrieb (F_A), dem der Körper ausgesetzt ist, der Beschleunigung der Schwerkraft (g) mal der Masse der verdrängten Flüssigkeit (m_L, die ihrerseits der Dichte, d_L, mal dem Volumen, V_T, entspricht). Daraus ergibt sich:

$$F_A = m_L \times g = d_L \times V_T \times g$$

Wir wissen auch, dass das Gewicht (F_P), welches auf den Körper wirkt, der Masse des Körpers (ich wiederhole: Volumen mal Dichte) mal der Schwerkraft entspricht:

$$F_P = m_C \times g = d_C \times V_C \times g$$

Wenn F_P von F_A ausgeglichen wird, schwimmt der Körper oben. Da das Volumen des eingetauchten Körpers dem des Körpers außerhalb des Wassers entspricht und die Schwerkraft immer gleich ist, bleibt als einziger wichtiger Parameter die Dichte übrig. Ist die Dichte des Objekts im Durchschnitt geringer als die der Flüssigkeit, bewegt sich das Objekt in Richtung der Oberfläche. Ist sie hingegen höher, sinkt es ab, und wenn die Dichte dieselbe ist, bewegt es sich nicht.

Daraus folgt, dass unterschiedliche Materialien sich bei gleichem Gewicht sehr unterschiedlich verhalten können: Ein trockenes Stück Holz von einem Kilogramm Gewicht schwimmt problemlos an der Wasseroberfläche, während beispielsweise ein Kilogramm Eisen sehr rasch versinkt. Holz hat in der Tat eine geringere Dichte als Wasser (0,75 g/cm³), was man von Eisen nicht gerade sagen kann (7,96 g/cm³). Ein anderes Beispiel: Wasser versinkt in Olivenöl, weil es eine höhere Dichte hat (1 g/cm³ gegenüber 0,92 g/cm³ des Öls).

⊛ WIESO SCHWIMMEN WIR OBEN?

Die durchschnittliche Dichte des menschlichen Körpers entspricht in etwa der des Wassers. Tatsächlich besteht unser Gewebe hauptsächlich aus H_2O-Molekülen, was aber den Ausschlag gibt, ist die Luft in unserer Lunge. Das Gasgemisch, das wir atmen, erlaubt uns mit seiner Dichte von 1,2 kg/m³, das Volumen-zu-Masse-Verhältnis unseres Körpers zu senken. Achtet einmal darauf, wenn ihr euch beim nächsten Strandbesuch im Wasser treiben lasst: Atmet tief ein und versucht unterzutauchen. Wenn ihr unter der Wasseroberfläche seid, stoßt ihr die ganze Luft aus – ihr werdet sehen, dass es einfacher sein wird, untergetaucht zu bleiben. Das liegt daran, dass eure Lunge weniger Gas enthält und die Dichte eures Körpers dadurch höher wird. Wie gut oder schlecht man auf dem Wasser schwimmt, unterscheidet sich von Mensch zu Mensch, und es gibt einige Faktoren, die darauf Einfluss nehmen können.

Einer davon ist – unschwer zu erraten – die Lungenkapazität: je mehr Luft sie fassen kann, desto leichter schwimmt man oben. Einen wichtigen Gesichtspunkt stellt der Anteil von fetthaltigem Gewebe im Körper dar. Weil Fett leichter ist als Muskelgewebe oder Knochen, fällt es einer dicken Person leichter, auf dem Wasser zu treiben, als einer muskulösen. Letztere hingegen hat wiederum einen Vorteil gegenüber einem dürren und knochigen Menschen.

⊙ DAS GEHEIMNIS DES »TOTEN MANNES«

Sobald unser Körper sich im Wasser befindet, ist er der Wirkung zweier Kräfte ausgesetzt: dem Auftrieb und der Schwerkraft. Diese beiden Kräfte wirken nicht an denselben Stellen: Der Auftrieb greift am Metazentrum, die Schwerkraft hingegen am Masseschwerpunkt. Vereinfacht gesagt ist es so, als konzentrierten sich diese zwei Schübe in den beiden genannten Punkten. Befinden wir uns in vollkommen horizontaler Lage, stimmen Masseschwerpunkt und Metazentrum jedoch nicht überein. Vielmehr zieht die Schwerkraft auf der Mitte des Beckens nach unten, weil es den schwersten Punkt der unteren Körperhälfte darstellt, während der Auftrieb den Brustkorb nach oben drückt, wo das Gewebe am wenigsten dicht ist.

Dieses Ungleichgewicht erzeugt eine Bewegung, die uns tendenziell in eine Schieflage bringt: Das Becken sinkt ab, während der

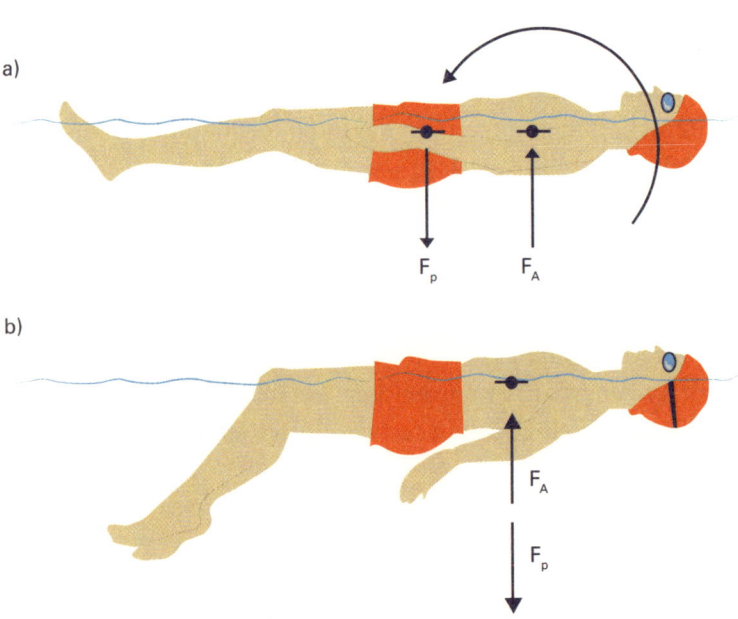

Abbildung 4 – Auftrieb: Archimedes und der »tote Mann«

Torso aufsteigt (vgl. Abbildung 4). Wie soll man da bloß die perfekte Position finden? Mit einem einfachen Trick kann man Metazentrum und Masseschwerpunkt zusammenlegen: Man muss nur die Knie beugen und die Unterschenkel unter Wasser halten. So nähert sich das Massezentrum dem Schwimmzentrum an, und beide Kräfte wirken in etwa auf denselben Punkt, was uns in eine stabilere Lage bringt.

Salzwasser versus Süßwasser

Wo schwimmt es sich leichter, im Meer oder in einem See? Alles hängt von der Dichte des Wassers ab: Süßwasser hat eine durchschnittliche Dichte von $1\,g/cm^3$, Salzwasser erreicht hingegen $1,025\,g/cm^3$. Da der Auftrieb stärker wird, je dichter eine Flüssigkeit ist, benötigt man im Meer weniger Aufwand, um oben zu schwimmen. Das Tote Meer ist bekanntlich einer der Orte, an dem man am besten an der Oberfläche treiben kann, weil es bei einem Salzgehalt von 33,7 % auf eine Dichte von $1,24\,g/cm^3$ kommt (vgl. Seite 33).

Der Luftballon des Archimedes

Das archimedische Prinzip gilt auch für Gase, weshalb das Genie aus Syrakus auch mit Luftballons und Heißluftballons zu tun hat. Die Luftballons, an denen Kinder so große Freude haben, sind mit Helium gefüllt. Helium hat eine Dichte von $0,179\,kg/m^3$, weniger also als das Gasgemisch unserer Atmosphäre ($1,2\,kg/m^3$). Im Großen gedacht: Der Auftrieb eines Gases kann so stark sein, dass man ihn für ein Fortbewegungsmittel nutzen kann. Folgendermaßen funktioniert ein Heißluftballon: Indem man die große Masse an Luft im Inneren des Ballons erhitzt, nimmt das Volumen zu, während die Dichte abnimmt; als Folge hiervon vergrößert sich die Kraft, die das ganze System in die Höhe drückt – und man hebt ab.

Wieso Schiffe schwimmen

Wenn wir die großen Schiffe betrachten, die Meere und Ozeane durchpflügen, fragen wir uns, wie es sein kann, dass sie schwimmen; um das zu begreifen, braucht man nur das Prinzip des Archimedes zu bedenken. Wenn ein Gegenstand nicht im Meer versinkt, muss er eine geringere Dichte haben als Wasser, aber wie ist das möglich, wo Schiffe doch aus dichten und schweren Materialien wie Stahl gebaut werden? Bei der Berechnung der Dichte (Masse geteilt durch Volumen) müssen wir neben der eigentlichen Konstruktion eben auch in Betracht ziehen, dass der Raum, den das Schiff einnimmt, Luft enthält. Aufgrund der gewaltigen Leerräume eines Schiffes sinkt dessen Gesamtdichte beträchtlich und wird geringer als die des Wassers.

Die perfekte Sandburg

Eine Sandburg ist nichts anderes als eine Skulptur, die mit Erfahrung und Kreativität geformt wird. Kinder können sich stundenlang damit vergnügen, eine Sandburg zu bauen, vielleicht nur, um sie anschließend sofort wieder zu zerstören, aber manch einer widmet sich dieser Tätigkeit mit Leidenschaft und Ausdauer und macht eine regelrechte Kunst daraus. Auf der ganzen Welt werden Wettkämpfe ausgetragen, um die eigene Kunstfertigkeit unter Beweis zu stellen: Ob es nun am Strand von San Diego in den Vereinigten Staaten ist, von Jesolo in Italien oder Vancouver in Kanada, all die Sandburg-Architekten vertrauen auf die Physik, um ihre jeweiligen Werke zu erschaffen.

Eine Strandskulptur wird aus zwei Zutaten gefertigt: feinem Sand und Wasser. In trockenem Zustand zerrinnt der Sand mit Leichtigkeit, angefeuchtet hingegen bleibt er kompakt. Weshalb? Das Wasser bewirkt, dass sich zwischen den einzelnen Körnchen winzige Brücken bilden, die sie aneinanderbinden. Das Phänomen nennt sich *Oberflächenspannung* und tritt beispielsweise auch bei Seifenwasser auf, mit dem man Seifenblasen macht: Wenn ihr den Stiel in den Behälter taucht, haftet die Flüssigkeit nahtlos innerhalb des kleinen Rings. Zurück zu den Sandburgen. Nimmt man zu viel Wasser, umschließt es das gesamte Sandkorn und die Brücken lösen sich auf.

Die schwierigste Frage lautet also, wie viel Wasser man dem Sand hinzufügen muss, um die bestmögliche Haftung zu erzielen. Genau das hat eine internationale Forschergruppe herauszufinden versucht, an der sich Experten aus dem Iran, den Niederlanden und Frankreich beteiligt haben. Die mit Eimerchen und Schäufelchen ausgestatteten Wissenschaftler haben ihre Untersuchungen zu Sandburgen in »Scientific Reports« veröffentlicht. Sie haben Folgendes herausgefunden: Die größtmögliche Stabilität eines Bauwerks wird erreicht, wenn die Wassermenge nicht mehr als ein 1 % des Sandvolumens beträgt. Man kann gut und gerne behaupten, dass die Wissenschaftler sich die Finger schmutzig gemacht haben, denn im Zuge ihrer Versuche gelang es ihnen beispielsweise, eine zweieinhalb Meter hohe Säule mit einem Durchmesser von 40 Zentimetern zu errichten. Damit eine Konstruktion am Ende stabil ist, muss man auch das Verhältnis von Höhe und Fundament berücksichtigen: Baut man den Turm zu hoch, stürzt er aufgrund seines eigenen Gewichts ein. Die Sandburg-Physiker haben auch hierfür den Trick verraten: Die maximale Höhe einer Sandsäule entspricht der Kubikwurzel des quadrierten Radius ihres Sockels. Wenn ihr also das nächste Mal zum Strand geht, dürft ihr Lineal und Geodreieck nicht vergessen.

Denselben Wissenschaftlern, die das »Geheimnis« der perfekten Sandburg gelüftet haben, ist ein weiteres Vorhaben geglückt: Sie haben eine Burg unter Wasser gebaut, aus hydrophobem Sand (einer wasserfesten Substanz). Die Ergebnisse waren noch umwerfender, da (aufgrund des archimedischen Auftriebs) unter Wasser das Gesamtgewicht des Bauwerks niedriger ist. In diesem Fall bestehen die Brücken, die sich zwischen den einzelnen Sandkörnern bilden, nicht aus Wasser, sondern aus Luft.

DIE PHYSIK HINTER DEM SURFBRETT

Excellente Balance, ein durchtrainierter Körper, ein gutes Brett und sehr gute Kenntnis des Strandes: Das sind die Merkmale eines richtig guten Surfers. Fitness allein reicht nicht, man braucht auch Köpfchen und Hilfsmittel. Was sagt die Wissenschaft dazu?

MIT BEIDEN BEINEN AUF EINEM BRETT

Man muss erkennen können, wo die Brecherzone verläuft, wie der Meeresboden beschaffen ist und was für Wellen sich daraus ergeben können, aber man muss auch wissen, welche Kräfte ein Surfbrett beherrschen. Weshalb schwimmt das Brett beispielsweise oben? Wer aufgepasst hat, kennt die Antwort: Es hat eine geringere Dichte als Wasser, weshalb auch hier das archimedische Prinzip greift (vgl. Seite 31).

Die Schwimmfähigkeit eines Brettes hängt auch von seinem Volumen ab. Anhand der Größe lassen sich zwei grundlegende Klassen festlegen: *Shortboards* haben eine Länge von rund zwei Metern, während *Longboards* 2,7 Meter und länger sind. Der Auftrieb eines eingetauchten Gegenstands, daran sei kurz erinnert, ist proportional zum verdrängten Wasservolumen, weswegen ein kürzeres Brett wendiger ist, aber nicht so gut schwimmt. Längere Bretter können folglich auch kleinere Wellen nutzen, während die kurzen auf stärkere Brecher angewiesen sind.

Da nun geklärt ist, weshalb das Brett schwimmt, können wir uns damit befassen, wie man es schafft, darauf stehen zu können. Alles eine Frage des Gleichgewichts: Um nicht hinunterzufallen, muss der Masseschwerpunkt – der ideale Punkt, auf dem sich unser gesamtes Gewicht konzentriert – innerhalb der Stützbasis bleiben. Stellt euch vor, euer Brett treibt auf sehr stillem Wasser und ihr liegt flach mit dem Bauch darauf. Die Position lässt sich leicht halten, oder? Sobald ihr euch bewegt und versucht, euch auf den Knien aufzurichten, verschiebt sich eure Masse, der Schwerpunkt ändert sich, das Brett beginnt zu schwanken und ihr droht baden zu gehen. Malt euch aus, wie ihr versucht aufzustehen, während sich unter euch eine Welle erhebt. Dafür braucht man einen ganz schön ausgeprägten Gleichgewichtssinn, das bedeutet: Man muss eine ganze Reihe von Kräften erfolgreich ausbalancieren, darunter die Schwerkraft, die uns mit Vorliebe nach unten drückt. Wie ihr vielleicht schon an Surfern beobachtet habt, ist eine Möglichkeit, ein Bein vor das andere zu stellen, um die Stützbasis zu vergrößern, und ein wenig gebeugt zu stehen, damit der Masseschwerpunkt tief bleibt.

🏄 DIE GESCHICHTE DES SURFENS

Holzbretter von über sieben Metern Länge, auf denen nackte Männer und Frauen den Wellen trotzen – so haben die westlichen Entdecker im Südpazifik das Surfen wahrgenommen. Das war im Jahr 1779, kurz nachdem die Endeavour von Kapitän James Cook in Hawaii gelandet war. Lange bevor es als kulturelle und dann sportliche Tätigkeit betrieben wurde, war das Surfen in Polynesien entstanden und über Jahrhunderte als schnellste Möglichkeit genutzt worden, um nach dem Fischen wieder zur Küste zu gelangen. Duke Kahanamoku hat es schließlich auf der ganzen Welt berühmt gemacht. Der hawaiianische Olympia-Athlet bereiste dank seiner Goldmedaillen im Schwimmen die Vereinigten Staaten und Australien und führte dabei auch seine Fertigkeiten auf dem Surfbrett vor. So machte *The Big Kahuna*, wie er auch genannt wurde, nicht nur Hawaii zu einem beliebten Urlaubsziel, sondern trug erheblich zur weltweiten Verbreitung einer der erstaunlichsten Wassersportarten bei.

SURFEN – DIE WELTWEIT BESTEN ORTE

Alle Surfer suchen nach ihm: *The Big One*, dem größten Brecher, der je mit einem Surfbrett geritten wurde. Die Welle aus Filmen wie *Tag der Entscheidung*, aus *Gefährliche Brandung* oder *Drift – Besiege die Welle*; die eine Welle, die du nie vergessen wirst. Ein Surfer ist immer auf der Jagd nach ihr, und die Paradiese, wo man sie finden kann, sind wohlbekannt. Hier ist CNNs Liste mit den zehn besten Surfer-Stränden.

1 PIPELINE
 (OAHU, HAWAII)

Die Mutter aller Wellen muss an diesem Strand entstanden sein. Beeindruckende Sturzbrecher von bis zu sechs Metern Höhe krachen auf ein rasiermesserscharfes Korallenriff, weshalb nur wirklich erfahrene Surfer sich an diesen Strand wagen sollten.

2 SUPERTUBES
 (JEFFREYS BAY, SÜDAFRIKA)

Unglaublich lange Tunnelwellen brechen hier über Hunderte Meter. Der Strand ist in verschiedene Sektoren aufgeteilt, je nach Form und Schwierigkeit der Wellen.

3 TEAHUPOO
(TAHITI, FRANZÖSISCH-
POLYNESIEN)

Einer der gefährlichsten Strände
der Welt, dank eines seichten
Korallenriffs, an dem Wellen von
sehr hohem Gewicht zerschellen.
Der Name bedeutet »Wand aus
Köpfen«, und das wird seine
Gründe haben.

4 ULUWATU & KUTA
(BALI, INDONESIEN)

Dieser Ort ist ein Magnet für
erfahrene Surfer aus Hawaii und
Australien, neben unglückseligen
Anfängern aus der ganzen Welt.
Sehr beliebt ist die Grotte, vor
der die Brecher niedergehen.

5 P-PASS
(POHNPEI, FÖDERIERTE STAA-
TEN VON MIKRONESIEN)

Ein Strand mit unglaublichen
Wellen, der selten überlaufen ist,
weil es nicht nur gefährlich,
sondern auch kostspielig ist,
ihn zu erreichen.

6 MAVERICKS (KALIFORNIEN,
VEREINIGTE STAATEN)

An diesem kalifornischen Strand
entstehen die mächtigsten Wogen
der Vereinigten Staaten. Die
Winterstürme auf hoher See ent-
fesseln äußerst gefährliche Wellen
von bis zu 25 Metern Höhe,
die auf einem felsigen Untergrund
brechen.

7 HOSSEGOR
(AQUITANIEN, FRANKREICH)

Die europäische Surf-Hauptstadt.
Auf dieser Seite des Atlantiks
entstehen aufgrund des flachen
und sandigen Meeresbodens
Wellen, die es mit jenen Hawaiis
aufnehmen können.

8 PUERTO ESCONDIDO
(SÜD-OAXACA, MEXIKO)

Große Wellen von bis zu sechs
Metern Höhe ziehen während der
Surfsaison von März bis Dezem-
ber zahlreiche Surfer an.

9 CLOUD 9
(SIARGAO, PHILIPPINEN)

Der Name stammt von einem
amerikanischen Schokoriegel,
aber die Wellen hier sind alles
anders als süß. Der Meeresgrund
aus Korallen und die Macht
der Wellen können Bretter und
Knochen zerschmettern.

10 LANCE'S RIGHT
(SIPORA, MENTAWAI-INSELN,
INDONESIEN)

Eine perfekte Tunnelwelle – um
jene zu zitieren, die sie gemeistert
haben –, umrahmt von einem
hinreißenden Strand mit warmem
Wasser.

DIE SINNE UNTER WASSER

In die Meerestiefen einzutauchen ist eine überwältigende Erfahrung. Es scheint beinahe, als gelten dort unten ganz andere physikalische Gesetze, als wir sie von der Erdoberfläche gewöhnt sind. Tatsächlich verändert sich jedoch nur das Medium, das uns umgibt. Um sich das zu verdeutlichen genügt es, den Kopf unter Wasser zu halten: Licht, Farben und Klänge offenbaren uns eine ganz andere und faszinierende Welt.

EIN BLICK UNTER WASSER

Am Strand habt ihr sicher schon einmal eure Füße im Wasser betrachtet und den Eindruck gehabt, dass da etwas nicht stimmt. Sie sind nicht dort, wo ihr sie empfindet: Sie sind zu nah.

Wieso? Alles hängt damit zusammen, dass das Licht – welches es uns ermöglicht, Farben und Formen wahrzunehmen – leicht verschoben wird, wenn es ins Wasser gelangt. Ein praktisches Beispiel: Füllt eine Schüssel mit Wasser, taucht einen Stift senkrecht zur Hälfte hinein und schaut euch das Ganze von oben an. Der Stift sieht aus, als sei er geknickt, als würde er seine Richtung ändern, und zwar genau ab dem Punkt, wo er auf die Flüssigkeit trifft.

Dieser Effekt nennt sich *Brechung* oder *Refraktion* (dasselbe geschieht auch mit Wellen im Meer, vgl. Seite 23).

Trifft ein Lichtstrahl auf die Wasseroberfläche, wird er teilweise wie auf einem Spiegel reflektiert, teilweise gebrochen. Bei diesem Übergang von einem Medium (Luft) ins andere (Wasser) verliert das Licht ein Viertel seiner Geschwindigkeit.

Tatsächlich besitzt jedes Material einen Brechungsindex, der angibt, wie stark ein Lichtstrahl beschleunigt oder verzögert wird: Der Brechungsindex der Luft entspricht praktisch 1 (das Licht bewegt sich also ganz ungehindert mit 300 000 Kilometern pro Sekunde fort), der des Wassers ist 0,75.

Zurück zum praktischen Versuch: Die Lichtstrahlen, die unsere Augen erreichen, werden gebrochen, wenn sie, vom untergetauchten Stift ausgehend, die Grenze zwischen Wasser und Luft passieren; sie beschleunigen und ändern ihre Richtung. Was wir sehen, ist nur ein virtuelles Bild. Unser Gehirn geht nämlich von der Annahme aus, das Licht bewege sich geradlinig, weshalb es den umgelenkten Strahlen folgt und letztlich einen Stift konstruiert, den es nicht gibt.

UNTER WASSER SIND WIR ALLE WEITSICHTIG

Sobald wir den Kopf unter Wasser halten und die Augen öffnen, verändert sich die Welt noch mehr, weil die Lichtstrahlen, die auf die Linse treffen – die sie wiederum auf der Netzhaut zu einem zusammenhängenden Bild bündelt –, von ihrer gewöhnlichen Bahn abgelenkt sind.

Objekte werden daher nicht auf der Netzhaut »scharf gestellt«, sondern auf einem dahinterliegenden Punkt, mit dem Resultat, dass wir ein sehr unscharfes Bild sehen. Wer weitsichtig ist, kann gut nachvollziehen, wovon ich spreche, da er ohne Brille demselben Effekt ausgesetzt ist; eine kurzsichtige Person, die das gegensätzliche Problem hat (Objekte werden vor der Netzhaut fokussiert), wird im Gegenteil dazu unter Wasser also besser sehen.

Und was passiert, wenn wir eine Taucherbrille tragen? Wir können dadurch wieder klar sehen, aber aufgrund der Luft (und des Glases), die das Wasser von unseren Augen trennt, werden die Lichtstrahlen auf dieselbe Weise gebrochen wie im Beispiel mit dem Stift: Die Objekte scheinen näher und größer zu sein, als es tatsächlich der Fall ist.

DIE WELT IST BLAU

Die Unterwasserwelt besteht aus wenigen Farben. Wer taucht, weiß aus eigener Erfahrung, dass schon nach wenigen Metern Tiefe die Umgebung hauptsächlich blau erscheint. Weshalb? Fangen wir zunächst einmal damit an, wie wir auf dem Trockenen Farben sehen können. Licht ist eine elektromagnetische Welle und besteht in seinem Inneren aus vielen verschiedenen Bestandteilen (die nach ihrer jeweiligen Wellenlänge unterschieden werden). Der sichtbare Bereich, also der Abschnitt des elektromagnetischen Spektrums, den wir wahrnehmen können, erstreckt sich von Violett bis Rot, über Blau, Grün, Gelb und Orange. Jeder Gegenstand, auf den das Licht fällt, reflektiert einige dieser Bestandteile. Seht euch um: Ein roter Stuhl reflektiert beispielsweise die roten Wellen des Lichts und absorbiert alle anderen; ein blauer Stift fängt dafür alle Bestandteile außer den blauen auf. Die Frage nach Schwarz sollte jetzt einfach zu beantworten sein: Schwarze Gegenstände absorbieren das gesamte Farbspektrum. Und Weiß? Reflektiert sämtliche Wellen, und wir sehen die Gesamtheit der Bestandteile. Wasser ist ebenfalls in der Lage, Sonnenlicht im Allgemeinen zu absorbieren, und im Speziellen absorbiert es sämtliche Wellen außer Blau. Das wird mit zunehmender Tiefe immer deutlicher. Rot wird beispielsweise auf dem offenen Meer ziemlich rasch aufgenommen, und ab einer Tiefe von fünf Metern findet sich davon keine Spur mehr. Das ist auch der Grund, weshalb viele Fische und Schalentiere, die unterhalb dieser Tiefe leben, rötliche Färbungen aufweisen: Für die Augen der Raubtiere sind sie praktisch schwarz, da die rote Strahlung bereits verschwunden ist. Der Reihenfolge nach verlieren sich Orange, dann Gelb, Violett und Grün, und schließlich, bei Tiefen von bis zu mehreren Hundert Metern, verschwindet auch das Blau. Die Menge an Licht, die unter Wasser gelangt, ist nicht nur von der Tiefe abhängig: Es gibt große Unterschiede zwischen dem offenen Meer und dem Meer in Küstennähe. Auf hoher See ist das Wasser frei von all den Schwebstoffen, die mit dem Licht interagieren können, wie beispielsweise Schlamm, verwesende pflanzliche und tierische Organismen, Sand oder Plankton. Alle diese Teilchen weisen eine jeweils eigene Absorption auf und bewirken, dass nur bestimmte Lichtwellen unter Wasser gelangen. Plankton zum Beispiel absorbiert ausgerechnet violette und blaue Strahlung, die normalerweise, wie gesagt, große Tiefen erreichen kann. Schon eine geringe Trübung in den höheren Wasserschichten kann das gesamte Absorptionsprofil auf den Kopf stellen.

Welche Farbe hat das Meer?

Nein, das Meer ist nicht blau, weil es das Blau des Himmels spiegelt. Wie wir gesehen haben, nimmt das Wasser vorwiegend violette, rote, gelbe, grüne und orangefarbene Lichtwellen auf. Blaue werden reflektiert, und daher sehen wir diese Farbe auch auf seiner Oberfläche, sofern keine Schwebstoffe im Weg sind. Dieses Prinzip gilt jedoch nicht für den Himmel, dessen Farbe von einem anderen Phänomen herrührt, der Streuung: Die Atmosphäre streut Licht tendenziell in alle Richtungen, und blaue Strahlung ist davon stärker betroffen als alle anderen Farben.

WIE SCHALLWELLEN SCHWIMMEN

Unter Wasser breiten sich Töne viel schneller aus als in der Luft, aber wieso hören wir dann unter Wasser nicht besser? Fangen wir damit an, dass wir definieren, was ein Ton ist. Wie bei den Wellen des Meeres und beim Licht handelt es sich auch hier um ein Wellenphänomen. In diesem Fall sprechen wir von einer mechanischen Welle, die von einer Schwankung innerhalb des Mediums herrührt, durch das sie sich bewegt, wie Luft oder Wasser. Kurz gesagt, es handelt sich um eine Reihe von Verdichtungen und Brechungen innerhalb eines spezifischen Mediums. In der Luft bewegt sich eine Schallwelle mit mehr als 1200 Stundenkilometern fort und legt somit einen Kilometer in nur drei Sekunden zurück. Unter Wasser erreicht sie über 5300 Stundenkilometer, das heißt, in denselben drei Sekunden überbrückt sie eine Strecke von 4,5 Kilometern. Dieser Unterschied hat folgende Gründe: Als Flüssigkeit ist Wasser weniger komprimierbar als die Gase, aus denen sich die Luft zusammensetzt. Die Wassermoleküle widersetzen sich der Verdichtung und übertragen daher die Welle schneller. Die Schallgeschwindigkeit im Wasser hängt unmittelbar von zwei Faktoren ab: Druck und Temperatur. Nehmen diese zu, erhöht sich auch die Schnelligkeit, mit der die Schallwellen übertragen werden, und je tiefer man sinkt, desto mehr nimmt die Temperatur ab, während der Druck steigt. Das bedeutet: In den warmen Oberflächenschichten des Wassers bewegt Schall sich schneller fort, in den kälteren und tieferen hingegen langsamer. Ab einer gewissen Tiefe (ca. 1200 Meter) ist jedoch der Druck der darüberliegenden Wassersäule so stark, dass er die Temperaturverringerung ausgleichen kann. In den Tiefen des Ozeans nimmt die Geschwindigkeit wieder zu, und der Schall bewegt sich viel schneller fort als an der Oberfläche.

MIT DEN KNOCHEN LAUSCHEN

Unter Wasser ist unser Gehör äußerst eingeschränkt. Unsere Ohren sind perfekt dafür geeignet, Schallwellen aufzufangen, die über die Luft übertragen werden, aber mit dem Kopf unter Wasser sind sie so gut wie nutzlos. Betrachten wir einmal die Ohrmuschel: Ihre Aufgabe besteht darin, die Schwingungen aufzufangen und an das Mittel- und Innenohr weiterzugeben, wo sie in Nervensignale für das Gehirn umgewandelt werden. Im Wasser ist dieser Mechanismus praktisch wirkungslos, da die Ohrmuschel, wie ein Großteil unseres Gewebes, fast dieselbe Dichte aufweist wie das Wasser, was es unmöglich macht, die Schwingungen zu erfassen und weiterzuleiten. Wie kommt es da, dass wir dennoch Geräusche wahrnehmen? Die Antwort steckt in unseren Knochen.

Der Knochen unseres Schädels hat nämlich eine höhere Dichte als Wasser und kann daher die Schallwellen leichter aufnehmen und weitergeben. Diese Schwingung wird vom Innenohr aufgefangen und in Hirnimpulse umgewandelt. Derselbe Mechanismus findet in manchen Geräten für Gehörlose Anwendung: Statt die gewöhnlichen Hörorgane zu verwenden, nutzen sie die Knochen, um Geräusche zu übertragen. Diese Knochenleitung ist allerdings schwächer als die Übertragung durch die Luft. Um also dasselbe Geräusch zu hören, bedarf es einer höheren Lautstärke. Ein anderes Beispiel: Jeder wird schon einmal die Aufzeichnung seiner eigenen Stimme gehört haben. Sie erscheint uns ganz anders, als wir sie wahrnehmen, wenn wir sprechen, und einer der Gründe dafür liegt genau darin, dass wir sie sonst hauptsächlich mit den Knochen hören. Das Knochengewebe überträgt tiefe Frequenzen besser als Luft, so dass unsere Stimme uns tiefer und voller vorkommt, als andere sie tatsächlich hören.

DIE ORIENTIERUNG VERLIEREN

Wie wir gesehen haben, wird Schall im Wasser schneller übertragen, wodurch wir aber Probleme bei der Orientierung haben. Auf dem Trockenen erkennen wir recht gut, woher ein Geräusch kommt, was aber unter Wasser sehr schwierig ist.

Unsere Fähigkeit, die Position einer Geräuschquelle auszumachen, basiert auf der unterschiedlichen Wahrnehmung des einen und des anderen Ohrs. An der Luft empfängt das Ohr, das der Geräuschquelle näher ist, den Ton einige Hundertstelsekunden vor dem anderen. Dieser zeitliche Unterschied (und die unterschiedliche Intensität, sofern die Quelle nahe genug ist) wird von unserem Gehirn ausgewertet, das daraus schließen kann, aus welcher Richtung das Geräusch kommt.

Um euch diesen Mechanismus klarzumachen, könnt ihr den Arm auf Augenhöhe ausstrecken und laut mit den Fingern schnippen. Beschreibt, während ihr schnippt, mit der Hand einen Halbkreis um euren Kopf, und ihr könnt die kleinen Unterschiede im Klang mit den Ohren wahrnehmen.

Probiert dasselbe unter Wasser aus. Ihr werdet sehen, dass es viel schwieriger auszumachen ist, woher der Klang kommt. Warum? Da die Schallwellen im Wasser viel schneller übertragen werden, ist der Unterschied in der Wahrnehmung zwischen dem linken und dem rechten Ohr so gering, dass unser Gehirn daraus keine Information ziehen kann: Es ist, als ob beide Geräusche gleichzeitig ankämen.

Wie ein Sonar funktioniert

Die Schallgeschwindigkeit ist im Wasser fast fünfmal so hoch wie an der Luft. Aus diesem Grund können Schallwellen als leistungsfähiges Hilfsmittel genutzt werden, um Meerestiefen zu erforschen. Nicht nur Tiere setzen sie ein, wie beispielsweise Delfine (*Echoortung* genannt, vgl. Seite 134), sondern auch der Mensch. Wir haben nämlich das Sonar erfunden (ein Akronym des Englischen Sound Navigation And Ranging), das wir verwenden, um im Meer zu navigieren, zu kommunizieren und Gegenstände zu identifizieren. Die Funktionsweise ist leicht erklärt: Einerseits sendet man ein bestimmtes Geräusch aus, andererseits lauscht man auf sein Echo. Trifft die ausgesandte Schallwelle auf ein Hindernis, prallt sie davon ab und kehrt zurück. Das Sonar fängt die reflektierte Schallwelle auf und kann mit ihrer Hilfe leicht errechnen, wie weit der Gegenstand entfernt ist: Je länger das Echo für die Rückkehr gebraucht hat, desto weiter ist der Gegenstand entfernt.

Das Geheimnis des springenden Steins

Wie oft könnt ihr einen Stein hüpfen lassen, den ihr flach über das Wasser geschleudert habt? Es wird vielleicht schwer, den Weltrekord zu brechen, aber im Grunde ist alles eine Frage der Physik. Die Führung hält der US-Amerikaner Russel Byars, dem es 2007 gelang, einen Kiesel sage und schreibe 51-mal springen zu lassen (im Internet gibts ein Video davon). Wenn ihr versuchen wollt, ihm den Rekord zu entreißen oder an den Weltmeisterschaften teilzunehmen, die auf der schottischen Insel Easdale ausgetragen werden, oder einfach nur besser sein wollt als eure Freunde, hier ein paar Tipps: Zum Beispiel sollte der Stein eine vorzugsweise runde und flache Form haben, nicht zu schwer sein, aber auch nicht zu leicht; der Wurf muss schnell erfolgen und ganz knapp über dem Wasserspiegel; kurz bevor ihr den Stein loslasst, müsst ihr ihm eine Drehung verpassen. Soweit die Grundlagen. Einige Physiker sind jedoch

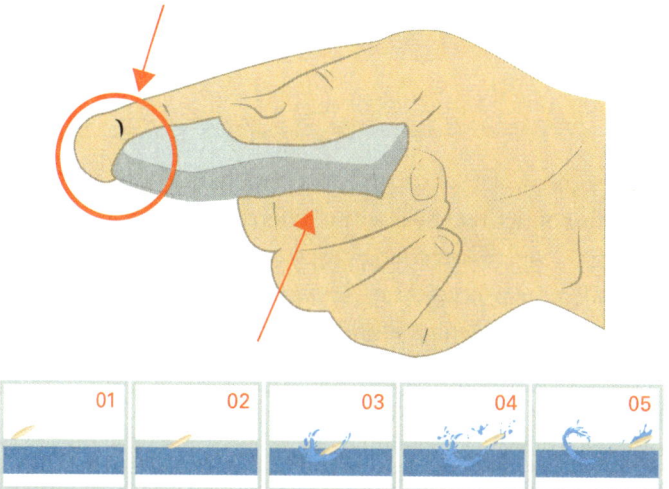

noch weiter gegangen. Um die Geheimnisse des Abprallens aufzudecken, hat eine Gruppe französischer Forscher eine Steinwurf-Maschine entwickelt und Hochgeschwindigkeits-kameras auf die Stelle des Aufpralls ausgerichtet. So konnte gezeigt werden, dass der wichtigste Faktor für die größtmög-liche Anzahl an Sprüngen der Winkel ist, mit dem der Stein auf das Wasser trifft. Den französischen Physikern zufolge muss dieser Winkel 20 Grad betragen (vgl. Abbildung 5), wenn-gleich eine schwächere Wirkung noch bis zu 45 Grad erzielt werden kann. Wird dieser Wert überschritten, geht der Stein mit Sicherheit unter.

Wieso springt ein Stein überhaupt? Wenn Gegenstände mit hoher Geschwindigkeit auf das Wasser auftreffen, ver-hält es sich fast wie ein Feststoff. Man denke nur an Wasser-ski: Ein Motorboot zieht dich hinter sich her, und du gleitest auf der Oberfläche dahin. Dasselbe geschieht mit dem Kiesel: Das Wasser reagiert auf die Störung am Aufschlagspunkt, und wenn dieser reaktive Druck von unten stärker ist als die Kraft-einwirkung von oben, prallt der Stein ab. Ansonsten versinkt er. Die Drehung hingegen ist wichtig, um den Stein in der Luft zu stabilisieren. Rotiert der Stein, verläuft seine Flugbahn ge-radlinig und verliert weniger Energie.

DIE MEERESSTRÖMUNGEN

Ihr wart sicher auch schon im Meer baden und habt auf einmal einen Strom von kaltem Wasser an einem Bein gespürt. Da seid ihr wohl in eine Meeresströmung geraten.

Ganz allgemein bezeichnet *Strömung* jede Bewegung von Wasser, sei es, dass es wenige Hundert Meter wandert oder Hunderttausende Kilometer zurücklegt.

Strömungen sind schuld daran, dass die Stelle, an der man aus dem Wasser kommt, manchmal sehr weit von dem Punkt entfernt liegt, an dem man ins Meer gesprungen ist. Von ihnen hängt aber auch das Klima der europäischen Länder an der Atlantikküste ab.

KENNE DEINE STRÖMUNG

Ist man mit ihm nicht vertraut, kann das Meer gefährlich werden. Man gerät nur allzu leicht in Panik, wenn man zum Spielball der Wogen wird. Daher ist es besser zu wissen, was im Wasser geschehen kann. Die Strömungen am Strand beruhen auf einem einfachen Prinzip: Wenn die Wellen brechen, wird ihre Energie freigesetzt. Ein Teil wird über die Geräuschentwicklung abgeführt, der Rest bleibt jedoch zwischen Welle und Meeresgrund gefangen.

Das zusammengedrückte Wasser entweicht an der nächstmöglichen Stelle – und so entsteht die Strömung. Die häufigste Form, die wir meistens gar nicht zur Kenntnis nehmen, nennt sich *Rückstrom* oder *Sog*.

Das ist eine kaum wahrnehmbare Strömung, die knapp über dem Meeresgrund wieder von der Küste wegführt. Das Wasser strebt in die Tiefe und kehrt dahin zurück, wo es hergekommen ist.

Die *Küstenlängsströmung* hingegen kennen wir sehr gut: Das ist die Strömung, die uns parallel zum Strand bewegt. Wir gehen zum Baden ins Wasser, und wenn wir nach ein paar Minuten zur

Küste blicken, ist unser Sonnenschirm ein gutes Stück weiter weg als vorher: Ohne es zu merken, sind wir Dutzende Meter abgetrieben. Strömungen dieser Art findet man besonders an sehr langen Stränden mit Wellen, die nicht senkrecht, sondern in geneigtem Winkel auf das Ufer treffen. Die Summe der auf den Strand wirkenden Kräfte führt zu einer Strömung, die uns zur Seite schiebt. Außerdem lagert sie den Sand meist entlang der Strömung ab: Sandkörner werden von einer Welle mitgerissen und kurz darauf von der nächsten Welle angespült, weshalb man in Richtung der Küstenlängsströmung größere Ablagerungen finden kann.

Diese Strömung ist entscheidend an der Küstenerosion beteiligt. Solche Ströme können außerdem hohe Geschwindigkeiten erreichen, weshalb es ratsam ist, sich immer einen Sonnenschirm oder einen Baum als Bezugspunkt am Strand zu suchen, um sich nicht zu weit zu entfernen.

Die gefährlichste Strömung, die euch im Meer begegnen kann, ist die *Ripströmung* (oder *Brandungsrückströmung*; engl. *Rip Current*; vgl. Abbildung 6).

Sie tritt nicht an allen Stränden auf, aber man kann recht leicht erkennen, ob sie einem im Wasser begegnen könnte: Sieht man keine Wellen brechen, kann man ganz beruhigt sein, da sie von der großen Energie der Brecher hervorgerufen wird. Seid ihr schon einmal beim Baden in unruhiger See plötzlich in Richtung des offenen Meeres gezerrt worden? Tja, das war die Ripströmung.

Was passiert in so einem Fall? Nachdem die Welle gebrochen ist, rinnt das Wasser so lange die Küste entlang, bis es auf eine entgegengesetzte Strömung trifft.

Die zwei Ströme vereinen sich und fließen schnell in Richtung des offenen Meeres zurück, bis die Strömung an Kraft verliert. Dabei gräbt sie Rinnen unterschiedlicher Tiefe in den Meeresgrund, an deren Rändern oberflächliche Sandbänke entstehen. Sollten wir jedoch in die Fänge dieses maritimen Fließbandes geraten, könnten wir mit einem Mal sehr weit vom Ufer entfernt sein. Die Entfernung hängt mit der Größe der Wellen zusammen: Je massiver sie sind, desto weiter reicht die Ripströmung.

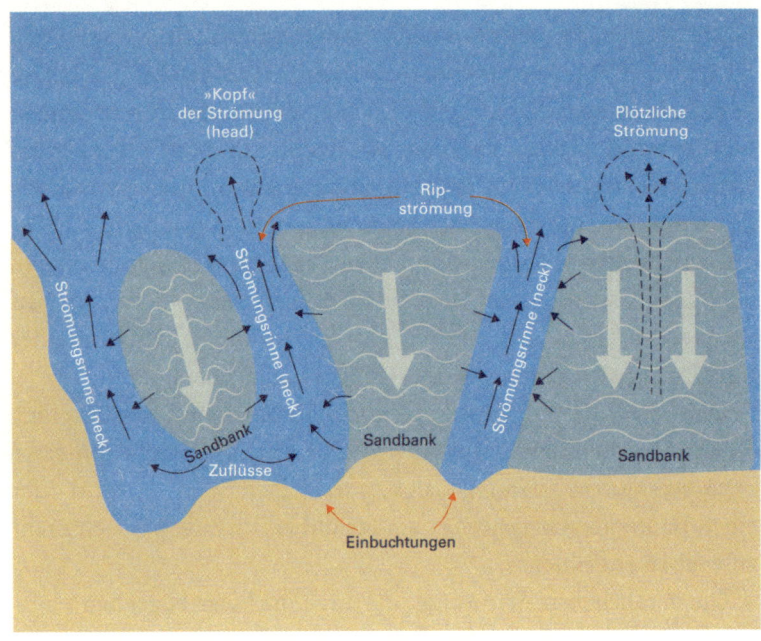

Abbildung 6 – Die Ripströmung

Ihr könntet plötzlich 50 bis 100 Meter vom Strand entfernt sein, was nicht unbedingt nach viel klingt – aber das hängt ganz davon ab, ob ihr gute Schwimmer seid.

WIE MAN DER STRÖMUNG ENTKOMMT

Die Ripströmung ist eine der häufigsten Ursachen für Ertrinken, weshalb man besser lernen sollte, sie zu erkennen. Ein erstes Merkmal: Das Wasser einer solchen Strömung ist dunkler als das umliegende Meer, weil sie in tief in den Sand gegrabenen Rinnen fließt. Wenn ihr außerdem trotz recht bewegter See einen Streifen seht, in dem das Meer eher ruhig und wenig gekräuselt ist, dann findet ihr mit einiger Wahrscheinlichkeit an der Stelle eine Rückströmung. Die Erklärung? Ein Interferenzeffekt, der entsteht, wenn das zurück ins Meer strömende Wasser auf die Wellen trifft, die in Richtung Strand unterwegs sind.

Solltet ihr die Strömung nicht rechtzeitig erkannt haben und bereits Gefahr laufen, ins Meer gezogen zu werden, geratet vor allem nicht Panik (der beste Freund des Ertrinkens, vgl. Seite 50). Das ist leichter gesagt als getan, aber versucht möglichst daran zu denken, dass die Strömung euch nicht ertränkt, sondern nur verschiebt. Typischerweise reagiert man, indem man gegen die Strömung zu schwimmen versucht, um wieder ans Ufer zu gelangen. Das lässt man jedoch besser, weil der Strom stärker sein könnte als ihr und selbst erfahrene Schwimmer auf diese Weise leicht ermüden.

Fühlt ihr euch im Wasser generell unsicher, versucht ihr am besten, an der Oberfläche zu bleiben und mit einem Arm auf euch aufmerksam zu machen; ansonsten solltet ihr versuchen, seitlich aus der Strömung hinauszuschwimmen. Meistens sind solche Strömungen recht schmal, weshalb ihr keine allzu große Strecke zurücklegen müsstet, und weil die typischen Rückströmungen in der Regel rechtwinklig zum Strand verlaufen, könntet ihr euch einfach parallel zum Ufer bewegen. Könnt ihr einen Bereich mit weißem und schäumendem Wasser ausmachen, ist das Meer dort wahrscheinlich seicht genug, um zu stehen. Gute Schwimmer könnten sich auch von der Strömung bis zu der Stelle treiben lassen, an der die Wellen zu brechen beginnen, und mit Hilfe ihrer Bewegung das Ufer ansteuern. Wenn ihr jedoch Angst vor dem Meer habt, der Wellengang ziemlich hoch ist und ihr nicht wisst, wie ihr die Ripströmung erkennen sollt, bleibt ihr vielleicht besser an Land.

⊛ DIE FLÜSSE DES MEERES: OBERFLÄCHENSTRÖMUNGEN

Die Ozeane sind ständig in Bewegung. Enorme Wassermassen bewegen sich wie große Flüsse über die ganze Welt, und eine Flaschenpost, die man an der portugiesischen Küste ins Meer wirft, kann in Argentinien angeschwemmt werden. Die bekannte Geschichte der pazifischen Gummienten ist ein gutes Beispiel dafür. Ein chinesisches Schiff, das Badespielzeug geladen hatte, erlitt 1992 im Pazifik Schiffbruch, mit dem Ergebnis, dass 28 000 kleine Kunststoffenten auf dem offenen Meer schwammen. Wie der Ozeanforscher Curtis Ebbesmeyer berichtet, der ihre Reisen seitdem verfolgt, haben diese »friendly floatees« im Laufe der Jahrzehnte wie ein kleiner Flottenverband die ganze Welt umschifft und dabei sogar die Küsten Australiens, Südamerikas und nicht zuletzt Europas angesteuert. Einige sind dabei an dem hängen geblieben, was man den *Great Pacific Garbage Patch* nennt, eine gewaltige Insel aus schwimmendem Plastikmüll in ruhigen Gewässern des Pazifiks. Andere Entchen hingegen befahren auch nach über zwanzig Jahren ungestört die Weltmeere. Das ist das Werk der Strömungen – und der verfluchten Widerstandsfähigkeit von Plastik.

Hauptverantwortlich für die Oberflächenströmungen, die bis zu einer Tiefe von 200 Metern verlaufen, ist der Wind: Er übt Reibung auf die Wassermoleküle aus, die dadurch in Bewegung geraten – und nebenbei zu schwingen beginnen, wodurch wiederum Wellen entstehen (vgl. Seite 18). Die Flussrichtung der Strömungen hängt also direkt von den Luftströmen ab, die regelmäßig auf sie einwirken, und deren Verhalten ist wiederum eng mit der Erdrotation verbunden. Stünde die Erde nämlich still, würde die Luft geradlinig zwischen Hochdruckgebieten, wie den Polen, und Tiefdruckgebieten, wie dem Äquator, zirkulieren. Da unser Planet sich jedoch dreht, tritt die Corioliskraft auf den Plan und verändert die Flugbahn. Die Corioliskraft entsteht, weil nicht alle Punkte auf der Erdoberfläche sich mit der gleichen Geschwindigkeit bewegen: In Äquatornähe ist die Drehgeschwindigkeit höher als rund um die Polkappen. Das hängt damit zusammen, dass Erstere, um eine volle Drehung um die Erdachse zu beschreiben, einen größeren Kreisumfang umlaufen müssen als Letztere (die Erde ist am Äquator breiter als zu den Polen hin). Verlässt daher ein Wind auf dem Weg nach Norden den Äquator mit einer bestimmten Rotationsgeschwindigkeit um die Erdachse, wird der Pol, wenn der Wind ihn erreicht, sich langsamer um die Achse gedreht haben. Die Flugbahn des Windes ist im Endeffekt also leicht ausgelenkt. Deswegen haben die Winde der nördlichen Halbkugel, die sich vom Äquator zum Nordpol bewegen, eine Tendenz nach Osten, die Winde der Gegenrichtung eine Tendenz nach Westen. Auf der Südhalbkugel ist der Verlauf umgekehrt, das heißt, vom Äquator zum Südpol haben die Winde eine Tendenz nach Osten, vom Pol zum Äquator nach Westen. Die vom Wind angeschobenen Oberflächenströmungen stellen sich also als fünf große Kreisläufe dar, die sich in der Nordhalbkugel im Uhrzeigersinn und in der Südhalbkugel gegen den Uhrzeigersinn bewegen (vgl. Abbildung 7): die Kreisläufe des Nord- und Südatlantiks, des Nord- und Südpazifiks sowie des Indischen Ozeans.

Der bekannteste »Fluss im Meer« ist jedoch mit Sicherheit der *Golfstrom*. Er gehört zum nordatlantischen Kreislauf und eignet sich sehr gut, um zu erklären, wie stark die Ozeanbewegungen das Klima beeinflussen.

Dieser Strom entspringt aus dem tropisch-warmen Wasser des Golfs von Mexiko und fließt auf dem Weg nach Norden die Ostküste der Vereinigten Staaten entlang. Er überquert den Atlantik und erreicht die Küsten von Spanien, Portugal und Großbritannien; seine Ausläufer gelangen bis nach Island und an die skandinavische Halbinsel. Ein Teil der Wassermassen bewegt sich hingegen an der westafrikanischen Küste entlang nach Süden, in Richtung der Kanarischen Inseln. Auf der Höhe des Äquators überquert der Strom erneut den Atlantik und stößt wieder an seinen Ursprungspunkt. Dieser riesige Fluss ist im Durchschnitt etwa 70 Kilometer breit und kann an einem einzigen Tag bis zu 160 Kilometer zurücklegen. Dabei kann er bis zu 55 Millionen Kubikmeter Wasser in einer Sekunde befördern. Das warme Wasser aus dem Golf von Mexiko trägt dazu bei, die strengen Temperaturen der nordeuropäischen Länder zu mäßigen. Manche Wissenschaftler machen sich daher Sorgen, die globale Erwärmung könne den Golfstrom verlangsamen, was Europa herbere Winter bescheren würde.

Kamtschatka-strom

Alaska-strom

Nordpazifischer Strom

Kuroshio

Kalifornienstrom

Nordäquatorialstrom

Äquatorialer Gegenstrom

Westaustral-strom

Südäquatorialstrom

Ostaustral-strom

Antarktischer Zirkumpolarstrom

→ Kalte Oberflächenströmungen
→ Warme Oberflächenströmungen

Abbildung 7 – Meeresströmungen

❂ FLÜSSE UNTER WASSER:
TIEFENSTRÖMUNGEN

Auch in den Tiefen der Ozeane fließt Wasser. Es handelt sich dabei um langsamere Strömungen, die von einem eisernen Gesetz beherrscht werden: dem der Dichte. Demnach bleibt Wasser mit einer höheren Dichte am Grund, während weniger dichtes an die Oberfläche steigt. Die Dichte ist ihrerseits eng mit zwei Parametern verwoben: Temperatur und Salzgehalt. Aus diesem Grund werden die Tiefenströmungen zur sogenannten *Thermohalinen Zirkulation* gezählt (aus dem Griechischen θερμός, thermos, »warm«, und ἁλός, halos, »Salz«). Eine höhere Temperatur und ein geringerer Salzgehalt gehören zu leichterem und näher an der Oberfläche gelegenem Wasser, wohingegen eine höhere Dichte bedeutet, dass das Wasser kalt, sehr salzig und in größerer Tiefe ist (vgl. Kasten *Die drei Bereiche des Ozeans*). Ströme, die sich in Temperatur und Salzgehalt unterscheiden, vermischen sich außerdem mit geringerer Wahrscheinlichkeit, sondern bleiben eher kompakt und gleiten übereinander hinweg.

Tiefenströmungen lassen sich ebenfalls auf einer Karte abbilden, die deren weltweite Bewegungen nachzeichnet. Sie nennt sich *Global Conveyor Belt*, wörtlich: »Globales Förderband«, und stellt nicht nur den Strömungsverlauf dar, sondern auch die Stellen, an denen die wichtigsten Austauschvorgänge zwischen leichtem und dichterem Wasser stattfinden. Könnt ihr erraten, wo die kältesten und salzigsten Ströme in die Tiefe sinken? Im Norden des Atlantiks, bei Grönland (vgl. Abbildung 8). Das Wasser aus dem Golfstrom kühlt hier einerseits ab, wodurch sich das Volumen verringert, während es andererseits, je näher es dem Gefrierpunkt kommt, Salze abgibt, wodurch wiederum der Salzgehalt in seiner Umgebung zunimmt. Das ist nur der Anfang eines langen Kreislaufs, in dessen Verlauf das Wasser zunächst in der Antarktis erneut abkühlt, anschließend dank des warmen Wassers im Indischen und Pazifischen Ozean aufsteigt, um in der Nähe der Arktis wieder abzusinken. Schätzungen zufolge benötigt ein einzelnes

Wassermolekül im Durchschnitt 1000 Jahre, um das Förderband einmal vollständig zu durchlaufen.

Die Tiefenströmungen sind von größter Wichtigkeit für den globalen Kreislauf von Nährstoffen und Kohlendioxid. Warme Oberflächengewässer sind nämlich arm an Nährstoffen und CO_2, werden jedoch auf ihrem Weg durch die unteren Tiefenschichten wieder mit diesen Bestandteilen angereichert. Die weltweite Nahrungskette ist auf ihrer untersten Stufe auf das frische Wasser angewiesen, das nährende Substanzen transportiert und damit das Algenwachstum ermöglicht. Gerade aus diesem Grund könnte es äußerst schwerwiegende Folgen haben, sollte dieses Phänomen durch die globale Erwärmung beeinträchtigt werden.

Die drei Bereiche des Ozeans

Die Dichte des Wasser ist abhängig von Temperatur und Salzgehalt: Sie steigt bei zunehmender Salzkonzentration und zunehmendem Druck und bei sinkender Temperatur. Kaltes und salziges Wasser hat folglich eine höhere Dichte als warmes und süßes. Anhand dieses Gesetzes lassen sich die Ozeane in drei Schichten von unterschiedlicher Dichte einteilen. Es gibt eine *Oberflächenzone*, die etwa 2 % der Meere ausmacht und aufgrund der Bewegung von Wellen und Strömungen eine – von der Tiefe unabhängige – konstante Temperatur und Salzhaltigkeit aufweist. Üblicherweise reicht sie bis auf 150 Meter Tiefe hinab, kann sich aber auch bis 1000 Meter ausdehnen oder ganz fehlen. Die *Pyknokline* ist hingegen ein Bereich, in dem die Dichte in Richtung des Meeresbodens sehr stark zunimmt. Sie umfasst etwa 18 % des Gesamtvolumens der Ozeane und trennt das oberflächliche Wasser von der letzten Schicht, der *Tiefenzone*. Diese entspricht etwa 80 % der Meere und liegt unterhalb von 1000 Metern Tiefe. Auch hier nimmt die Dichte zu, je näher man dem Meeresgrund kommt, aber nicht ganz so schnell.

Ein Beispiel aus der Nachbarschaft:
Die Strömungen des Mittelmeers

Das Mittelmeer ist etwas ganz Besonderes und hat einen komplexen Wasserkreislauf, der sehr stark von den Winden beeinflusst wird. Seine Verdunstung ist recht ausgeprägt und kann von den großen einmündenden Flüssen nicht kompensiert werden, weshalb eine praktisch konstante Strömung aus dem Atlantik Wasser mit geringerer Salzkonzentration durch die Meerenge von Gibraltar einführt. Dieser leichte und oberflächliche Strom fließt an der afrikanische Küste entlang, bevor er sich hinter Algerien nach und nach verliert. Das Meer der Mitte ist aber auch von thermohalinen Strömungen durchzogen. Die tiefen Wasserströme des Mittelmeers entstehen im Golfe du Lion, südlich von Otranto in Apulien und in der nördlichen Ägäis. Hauptsächlich finden sich diese Strömungen im Winter, wenn kalte Nordwinde die Temperatur des Wassers senken. Dadurch nimmt seine Dichte zu, bis es nach unten sinkt. Tiefenwasser steigt als Reaktion auf diesen Prozess vom Meeresgrund auf und trägt so dazu bei, die Konzentration von Nährstoffen im Mittelmeerbecken zu erhöhen.

Wie man am Strand Getränke kühlt

Ein Strandbesuch im prallen Sonnenschein kann sehr anstrengend sein, selbst wenn man sich im Schatten aufhält. Eine der Möglichkeiten, um nicht zu »schmelzen«, besteht darin, den Körper immer ausreichend mit Flüssigkeit zu versorgen und viel zu trinken.

Doch wer schüttet schon gerne literweise Flüssigkeit in sich hinein, die von der Temperatur her eher an Brühe erinnert?

Manchmal reicht die Kühltasche mit eiskalten Wasserflaschen einfach nicht aus, also eignet man sich besser den einen oder anderen Trick an, um Getränke kalt zu stellen oder sie sogar in der Sonne zu kühlen. Alles eine Frage von Physik und Chemie.

Eine Flasche Wasser lässt sich mit am einfachsten vor der Hitze des Strandes schützen, indem man sie – auch wenn das seltsam klingt – im Sand vergräbt, bis nur noch der Verschluss sichtbar ist. Die tiefer liegende Sedimentschicht ist kühler als der Sand an der Oberfläche und schützt die Flasche nicht nur vor den Strahlen der Sonne, sondern isoliert sie auch zusätzlich, so dass weniger Kälte verloren geht. Besser noch: Wenn ihr sehr nah am Ufer seid und niemandem den Weg damit versperrt, vergrabt sie genau an der Grenze zu den weitesten Wellenausläufern. Das im feuchten Sand enthaltene Wasser verdunstet im Sonnenschein und entzieht dabei der Flasche Wärme. Einzige Vorsichtsmaßnahme: Merkt euch, wo ihr sie vergraben habt.

Doch was tun, wenn unsere Flasche schon warm geworden ist? Auch in diesem Fall könnt ihr auf die Macht der Verdunstung zurückgreifen. Sollte am Strand Wind wehen und eine – hoffentlich saubere! – Socke griffbereit sein, steckt die Flasche hinein und taucht die Socke ins Meer. Anschließend hängt ihr sie an einen kräftigen Ast und wartet, bis die Windböen sie trocknen: Das Wasser wird deutlich kühler sein. In Ermangelung von Wind, Socken und Bäumen könnt ihr die Flasche auch mit einem nassen Tuch (oder getränkten Papiertaschentüchern) bedecken und sie so lange in der Sonne liegen lassen, bis das Tuch wieder trocken ist. Weshalb hat Verdunstung einen kühlenden Effekt? Der Übergang des Wassers vom flüssigen in den gasförmigen Zustand ist ein Prozess, der Energie erfordert. Diese wird teilweise aus dem infraroten Spektrum des Sonnenlichts und teilweise aus der Flasche gewonnen. Klimaanlagen funktionieren nach demselben Prinzip, aber wir können es auch auf der eigenen Haut erfahren: Wenn wir unter der Dusche waren und uns abzutrocknen beginnen, empfinden wir die Luft als frischer: Das ist das Wasser auf unserer Haut, das verdampft und uns dabei Wärme entzieht. Eine letzte Möglichkeit, die auch zu Hause angewandt werden kann, erfordert ein bisschen mehr Vorbereitung, macht aber auch mehr her. Ihr braucht dazu außer eurer Flasche noch ein paar tiefgekühlte Fläschchen mit (gefrorenem) Wasser (das kein Trinkwasser sein muss) und eine Schüssel, in die sie gerade so hineinpassen. Wenn eure Wasserflasche warm geworden ist, macht ihr

Warme Oberflächenströmung

Kalte Tiefenströmung

Abbildung 8 – Globales Förderband (Global Conveyor Belt)

Folgendes: Füllt die Schüssel mit Meerwasser und legt die gefrorenen Flaschen ohne Deckel hinein, damit das Wasser mit dem Eis in Berührung kommt. Schließlich legt ihr noch die zu kühlende Flasche dazu und rührt ein paarmal um. Nach einigen Minuten ist euer Wasser viel kühler. Der Trick hierbei ist die Kombination von Wasser, Eis und Salz. Salzwasser hat nämlich einen tieferen Gefrierpunkt als Süßwasser (Meerwasser gefriert bei etwa $-2\,°C$), und wenn wir das Eis ins Wasser tunken, kommen zwei einfache Prozesse in Gang: Einerseits versucht das Eis, das umgebende Wasser einzufrieren, andererseits versucht das Wasser, es zu schmelzen. Im Beisein von Salz gewinnt jedoch das Wasser: Das Eis schmilzt schneller und absorbiert dabei Wärme aus der Lösung, die dadurch abkühlt. Das nennt man eine *Kältemischung*. In der Antike wurde auf diese Wiese Speiseeis hergestellt, indem die Mischung in einem Behälter angerührt wurde, der in Wasser, Salz und Eis getaucht war. Das könnt ihr auch zu Hause anwenden, wenn ihr auf die Schnelle Getränke für unerwarteten Besuch kühlen müsst: Taucht das zu kühlende Getränk in Wasser und fügt Eiswürfel und herkömmliches Speisesalz hinzu; ihr könnt die Temperatur ganz einfach weiter senken, indem ihr noch mehr Salz hineinkippt. So kann man auf bis zu $-21\,°C$ kommen, also passt auf, dass ihr euch keine Erfrierung holt.

WIESO IST MEERWASSER SALZIG?

Nachdem wir im Meer baden waren und uns von der Sonne haben abtrocknen lassen, bleibt manchmal ein weißer Film auf der Haut zurück. Mit der Zungenspitze kann man leicht schmecken, dass er sehr salzig ist: Es handelt sich um die mineralischen Salze, die nach der Verdunstung der Wassertropfen auf der Haut zurückgeblieben sind, in erster Linie um Natriumchlorid (herkömmliches Kochsalz). Wieso ist Meerwasser salzig und das in den Flüssen nicht? Die Antwort verbirgt sich im Verdunstungsmechanismus und der Struktur unseres Planeten.

DER SALZLIEFERANT DER MEERE

Flusswasser enthält in Wirklichkeit auch mineralische Salze, jedoch zu einem viel geringeren Anteil. Auf ihrem Weg von der Quelle zur Mündung lösen Flüsse nämlich unterschiedliche chemische Verbindungen aus dem Gestein, über das sie fließen (ein Phänomen namens *Verwitterung*). Die Stoffe werden ins Meer transportiert, wo sich eine der entscheidenden Phasen des Wasserkreislaufs abspielt: die Verdunstung. Unter der Einwirkung der Sonnenstrahlen verdunsten große Mengen Meerwasser, wobei sämtliche Salze aus den Flüssen zurückbleiben.

Ihr glaubt nicht so recht, dass die Meere verdunsten? Hier ist ein Versuch für euch: Füllt ein großes, flaches Gefäß mit ausreichend Wasser, um seinen Boden gerade eben zu bedecken, rührt einen Esslöffel Kochsalz unter, bis es sich aufgelöst hat, und stellt alles in die Sonne. Nach nur wenigen Stunden ist sämtliches Wasser verdunstet, aber im Gefäß findet ihr das Salz, das ihr hinzugefügt hattet. Ein Tipp: Je größer die Oberfläche des Wassers ist, desto weniger Zeit braucht es, bis es in der Sonne verdunstet (daher ist ein großes, flaches Gefäß besser).

Nicht alle Salze kommen jedoch aus dem Gestein, ein wichtiger Teil verdankt sich vielmehr einer Reihe von Mechanismen, die in den Tiefen der Erde ihren Anfang nehmen.

Unterhalb der als *Erdkruste* bezeichneten Gesteinsschicht fließt das Magma des Mantels, das von Zeit zu Zeit bis zur Erdoberfläche aufsteigt. Unterseeische Vulkane, hydrothermale Quellen und Risse fügen so der ohnehin reichhaltigen Salzkomposition der Meere neue Elemente hinzu.

Im Laufe der Jahrmillionen haben diese beiden Prozesse die Salzkonzentration der Meere kontinuierlich erhöht und sie zu dem gemacht, was sie heute sind.

🅱 ALLE SALZE DES MEERWASSERS

Meerwasser hat einen Salzgehalt (oder Salinität: Anteil gelöster Salze) von etwa 3,5 %.

Das bedeutet, dass 35 Gramm Salz übrig bleiben, wenn man ein Kilogramm Wasser zum Kochen bringt. Insgesamt enthalten die Ozeane 5,5 Milliarden Tonnen Salze: Würde sämtliches Meerwasser auf einmal verdunsten, bliebe eine gleichmäßige Schicht von ungefähr 40 Zentimetern Dicke zurück.

Was für Salze sind im Wasser gelöst? Die Hauptbestandteile sind Natrium und Chlor (Natriumchlorid, NaCl, das bereits erwähnte Kochsalz), die etwa 85 % der Gesamtmenge abdecken (vgl. Diagramm 1); es folgen Sulfat (SO_4, 8 %), Magnesium (Mg, 4 %), Calcium und Kalium (Ca bzw. K, jeweils etwa 1 %).

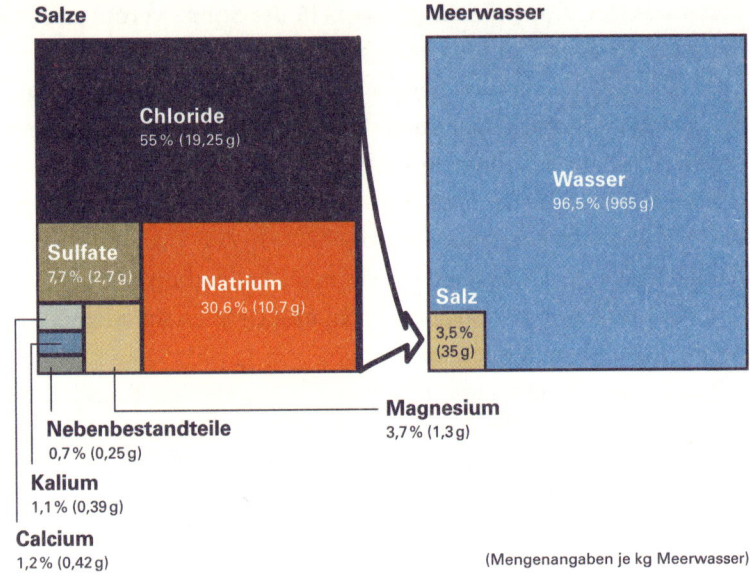

Salze

Chloride
55% (19,25 g)

Sulfate
7,7% (2,7 g)

Natrium
30,6% (10,7 g)

Meerwasser

Wasser
96,5% (965 g)

Salz
3,5%
(35 g)

Magnesium
3,7% (1,3 g)

Nebenbestandteile
0,7% (0,25 g)

Kalium
1,1% (0,39 g)

Calcium
1,2% (0,42 g)

(Mengenangaben je kg Meerwasser)

Diagramm 1 – Salzgehalt des Wassers

⬤ WIRD DAS MEER IMMER SALZIGER?

Nein, nach Meinung der Wissenschaft haben die Ozeane ein chemisches Gleichgewicht erreicht (das sich jedoch mit zunehmender globaler Erwärmung verschieben könnte). Über die Flüsse werden genauso viele Salze geliefert, wie dem Wasser tatsächlich entzogen werden. Wie werden sie entzogen? Es gibt Mechanismen biologischen Ursprungs, die diese gelösten Salze weiterverwenden und sie so dem Meer »stehlen«. Der Großteil der Meeresorganismen hat in der Tat in seinem Gewebe eine Salzkonzentration, die der des sie umgebenden Wassers sehr ähnlich ist: Natrium und Kalium sind für die Zellen von grundlegender Bedeutung, da sie eine wichtige Rolle für die Signalübertragung zwischen Neuronen spielen.

Ein anderes Beispiel sind Muscheln (vgl. Seite 97), also die Schalen, die Weichtiere sich auf der Basis eines anderen Salzes bauen, dem Calciumcarbonat ($CaCO_3$). Stirbt der Organismus, werden die Muschelfragmente zu sehr mineralhaltigen Ablagerungen. Aufgrund der tektonischen Plattenbewegung der Erdkruste können diese in den Erdmantel transportiert und im darunterliegenden Magma eingeschmolzen werden.

Auch Seen können salzig sein

Ein Beispiel für einen salzigen See ist das Tote Meer, zwischen Jordanien und Israel gelegen. Sein Wasser hat einen Salzgehalt von ca. 30–35 % (etwa zehnmal so hoch wie in den Ozeanen). Eine derart gesteigerte Konzentration von Mineralsalzen ist dem Mangel an »Auswegen« geschuldet: Das Tote Meer wird gespeist von Flüssen wie dem Jordan oder dem Arnon, besitzt aber keinen Abfluss. Aus diesem Grund haben die Salze sich kontinuierlich im See angereichert, ohne je zu den Ozeanen weitertransportiert worden zu sein. Das Rote Meer hingegen ist eine ganz andere Geschichte. Dieses Binnenmeer zwischen der arabischen Halbinsel und Afrika weist einen Salzgehalt von 4 % auf, der jedoch bedingt ist von einem hohen Verdunstungsgrad, geringen Niederschlägen und den wasserarmen Flussläufen in Richtung der Ozeane.

EIN MEER MIT GÜTESIEGEL

Den Romantikern genügt ein verträumter Blick vom Strand, um zu sagen: »Was für ein schönes Meer!« Skeptischere Zeitgenossen wollen hingegen, dass das Meer nicht nur schön, sondern auch sauber und gesund ist. Das lässt sich jedoch nicht feststellen, indem man nur prüft, ob das Wasser wirklich kristallklar ist.

BEDEUTET DURCHSICHTIG UND KLAR AUCH SAUBER?

Leider stimmt es nicht immer, dass durchsichtiges und klares Wasser wirklich sauber ist, denn diese Merkmale hängen von den Schwebstoffen ab, und es braucht nur eine geringe Menge Sand, organischen Materials oder Mikroalgen, um das Wasser trüb erscheinen zu lassen, auch wenn es sich um das sauberste Meer der Welt handeln mag.

Das Wasser der Adria ist beispielsweise viel dunkler und trüber als das der Malediven. Alles wegen der Umweltverschmutzung? Nein, oder zumindest nicht nur.

Die Adria ist von Natur aus eutroph, das heißt, dass ihre geographische Beschaffenheit die gleichmäßige Verteilung nährstoffreichen Wassers erschwert, welches wiederum das Wachstum von Algen und Phytoplankton fördert (vgl. Seite 73).

Dieses Phänomen wird durch Umweltverschmutzung verstärkt, da beispielsweise der Fluss Po chemische Stoffe wie Dünge- oder Reinigungsmittel ins Meer transportiert, die hohe Konzentrationen an Stickstoff, Phosphor und Schwefel aufweisen.

ERKENNUNGSMERKMALE EINES GESUNDEN MEERES

Wann kann man ein maritimes Ökosystem als sauber und ausgewogen bezeichnen? Wissenschaftler, die sich mit der Wasseranalyse befassen, achten besonders darauf, dass bestimmte Merkmale vorhanden sind. Hier die wichtigsten:

- *Bakterien*

  Im Wasser lassen sich verschiedene Arten von Mikroorganismen und Fäkalbakterien nachweisen, die zwar für sich genommen nicht gefährlich sind, jedoch gemeinsam mit Viren und anderen Erregern auftreten können, die Krankheiten übertragen. Beispielsweise wird üblicherweise überwacht, ob Badegewässer das Bakterium *Escherichia coli* enthalten, welches normalerweise im Verdauungstrakt von uns Menschen und anderen Warmblütern zu finden ist. Steigt die Konzentration überraschend an, kann das auf Störungen in den Kläranlagen hinweisen, auf Schäden an der Kanalisation oder auf tierische Abfallprodukte (die von gedüngten Feldern oder nahegelegenen Tierzuchten stammen können).

- *Nährstoffe*

  Das sind Substanzen, die für das Wachstum und die Entwicklung des Meeres unerlässlich sind. Die zwei Hauptelemente sind Stickstoff und Phosphor. Ein Zuviel an Nährstoffen, wie im Fall der *Eutrophierung*, kann den Meeresorganismen schaden – die durch unkontrolliertes Algenwachstum erstickt werden – und auch den pH-Wert, die Klarheit und die Temperatur des Wassers beeinflussen. Geht vom Meer ein schlechter Geruch aus, kann das ebenfalls auf einige dieser Substanzen zurückzuführen sein.

- *Gelöster Sauerstoff*

  Dieser wichtige Faktor darf nicht vernachlässigt werden: Wasser ohne ausreichend hohen Sauerstoffgehalt ist für Leben ungeeignet, da Fische zum Atmen den gelösten Sauerstoff aus dem Wasser aufnehmen (vgl. Seite 135). Dieses Gas stammt entweder aus der Atmosphäre oder wird aus der Photosynthese der Wasserpflanzen gewonnen, und sobald es sich im Wasser aufgelöst hat, wird es von den Strömungen verteilt. Die Sauerstoffsättigung wird in Milligramm pro Liter (mg/l) gemessen und hängt von Faktoren wie Temperatur und Salzgehalt ab: bei 15 °C sind maximal 10 mg/l möglich (das entspricht einer Sättigung von 100 %). Sinkt dieser Prozentsatz unter 30 %, spricht man von Hypoxie und die Umwelt wird für die meisten Fische unbewohnbar. Eine der Ursachen für eine solche Situation liegt wie gesagt in der Eutrophierung: Ein massives Auftreten von Algen und Phytoplankton reduziert den Austausch von Gasen zwischen Meeresoberfläche und Atmosphäre. Hinzu kommt, dass diese Organismen nach ihrem Tod von Bakterien auf dem Meeresgrund zersetzt werden, was ebenfalls O_2 verbraucht.

- *Temperatur*
  Die Temperatur spielt in vielen physikalischen, biologischen und chemischen Prozessen eine wichtige Rolle. Das Beispiel des gelösten Sauerstoffs haben wir bereits erwähnt, aber sie betrifft auch die Photosynthese der Pflanzen, den Stoffwechsel der Tiere oder die Empfindlichkeit von Organismen gegenüber Verschmutzung, Parasiten und Krankheiten. Die Wassertemperatur ist abhängig von der Temperatur der Atmosphäre, von der Bewölkung und etwaigen Strömungen.

- *pH-Wert*
  Der pH-Wert misst die Konzentration von Wasserstoffionen in einer Lösung. Geht der pH-Wert gegen 0, spricht man von einer Säure, nähert er sich einem Wert von 14, ist hingegen von einer Base die Rede. Reines Wasser hat bei 25 °C einen pH-Wert von 7 (pH-neutrale Lösung), während Meerwasser zwischen 7,5 und 8,4 liegt. Schwankungen in der Konzentration der Wasserstoffionen beeinflussen die Löslichkeit von Stoffen, aber auch das schiere Überleben der Meeresorganismen (vgl. Seite 123).

Industrieabfälle, Rückstände von Düngern und Pestiziden aus der Landwirtschaft oder in die Atmosphäre abgegebenes Kohlendioxid können Auswirkungen auf den pH-Wert haben (vgl. Kasten weiter unten).

- *Giftstoffe*
  Damit sind Metalle, Pestizide und Öle gemeint. Einer der bekanntesten Stoffe ist Quecksilber, das aus Bergwerken, Stromkraftwerken und Verbrennungsanlagen stammt und letzten Endes in den Fischen landet, die wir essen (vgl. Seite 94); andere gefährliche Metalle sind beispielsweise Blei und Chrom.

- *Trübung*
  Trübung misst die Transparenz von Wasser, um die Konzentration von Schwebstoffen zu bestimmen. Bei einem trüben Meer dringt weniger Licht in die Tiefe, was zu einem verringerten Pflanzenwachstum führt. Dies wiederum reduziert das Nahrungsangebot für Fische und Wirbellose.

Die Ozeane werden immer saurer

Der Lebensraum Meer ist in Gefahr, und wir sind schuld daran. Wir »füllen« die Atmosphäre mit immer größeren Mengen Treibgas und führen so eine globale Erwärmung herbei. Den am wenigsten optimistischen Schätzungen zufolge wird die Temperatur bis zum Ende des Jahrhunderts um 2 °C höher liegen als noch zwischen 1850 und 1900 (sagen die Wissenschaftler des Intergovernmental Panel on Climate Change).

Die Folgen betreffen jedoch nicht nur die Temperatur und die Höhe des Meeresspiegels (vgl. Seite 174). Ein weiteres Problem stellt die Lösung von Kohlendioxid in den Meeren dar, wodurch die Ozeane zunehmend sauer werden. Das empfindliche Gleichgewicht, welches das Leben unter Wasser möglich macht, wird dadurch zerstört.

Der Säuregrad einer Lösung (wie bereits dargestellt) beruht auf der Konzentration von Wasserstoffionen und wird mit dem pH-Wert angegeben. Wenn Kohlendioxid mit Wasser reagiert, entsteht Kohlensäure (H_2CO_3), die wiederum in Wasserstoffionen (H^+) und Bicarbonationen (HCO_3^-) zerfällt. Ein Teil des Wasserstoffs wird durch den natürlichen Gehalt an Carbonationen (CO_3^+) neutralisiert, wodurch Bicarbonat entsteht. Ein deutlich größerer Anteil bleibt jedoch ungebunden, und gerade diese H^+-Ionen erhöhen den Säuregrad des Meerwassers.

Wissenschaftlern des Third Symposium on the Ocean in a High-CO_2 World zufolge ist der pH-Wert der Ozeane seit Beginn der industriellen Revolution von 8,2 auf 8,1 gesunken. Das klingt nicht nach viel, da es sich jedoch um eine logarithmische Skala handelt, entspricht das einer Zunahme des Säuregrads um 26 %. Daher gehen die finstersten Vorhersagen von einem Anstieg um 170 % bis zum Jahr 2100 aus.

Die Folgen für den Planeten und das Leben im Meer könnten erschütternd sein. Je mehr Kohlendioxid die Weltmeere aufnehmen, desto stärker nimmt ihre Fähigkeit ab, weiteres CO_2 aufzunehmen, weshalb es sich mehr und mehr in der Atmosphäre konzentrieren und den Treibhauseffekt verstärken wird. Man bedenke nur, dass die Meere seit 1850 in der Lage gewesen sind, 30 % des gesamten von Menschen produzierten Kohlendioxids auszugleichen. Bis heute werden jeden Tag 24 Millionen Tonnen CO_2 im Wasser aufgelöst. Verliert man auch diesen Rettungsanker, wird eine ohnehin dramatische Situation noch verschlimmert.

Einige Gattungen sind unmittelbar vom erhöhten Säuregrad der Ozeane betroffen. Weichtiere beispielsweise hätten große Schwierigkeiten, ihre Muschelschalen aufzubauen und zu erhalten, wenn das Carbonat knapp würde. Dasselbe gilt für Korallen und Korallenriffe, die vom Wasser aufgelöst werden könnten, während andere Pflanzenarten, wie das Neptungras und diverse Algen, übermäßig von diesem Kohlendioxid profitieren würden. All das hätte schwerwiegende Auswirkungen auf die Nahrungskette und die biologische Vielfalt und würde letztlich auch das menschliche Leben beeinflussen. Die einzige Lösung? Wir müssen den Ausstoß von CO_2 in unsere Atmosphäre drastisch verringern.

WIE SONNENCREME FUNKTIONIERT

Wohl jeder von uns hatte schon einmal einen lästigen Sonnenbrand. Er ist das schmerzhafteste Symptom für einen verbreiteten Fehler: Wir haben zu viel Zeit in der Sonne verbracht, ohne uns ausreichend mit Sonnencreme zu schützen. Was genau verbrennt uns so? Verantwortlich dafür sind ganz klar die Sonnenstrahlen.

HEISSE STRAHLEN

Wie wir bereits gesehen haben, ist Licht eine Form elektromagnetischer Strahlung, die aus Wellen unterschiedlicher Länge und unterschiedlicher Energien besteht. Das Energiespektrum knapp oberhalb des sichtbaren Bereichs wird *ultraviolett* genannt und umfasst Wellenlängen zwischen 400 und 1000 Nanometern (nm, entspricht einem Milliardstel Meter). Ultraviolette Strahlung (UV) wird unterteilt in UVA (315–400 nm), UVB (280–315 nm) und UVC (100–280 nm): UVA-Strahlen sind die schwächsten, UVC die stärksten (und gefährlichsten).

Glücklicherweise kann unsere Atmosphäre sie teilweise herausfiltern (vgl. Kasten *Das Ozon, Feind der ultravioletten Strahlen*). Während UVC-Strahlen vollständig von der Atmosphäre absorbiert werden und auch die Menge der UVB-Strahlen stark verringert wird, gelangen UVA-Strahlen als Einzige nahezu unbeeinträchtigt auf die Erdoberfläche.

Es gibt noch eine Strahlenklasse, die sich ungehindert durch unsere Atmosphäre bewegt: *Infrarotstrahlen*, die Hauptverantwortlichen für die Wärme, die wir auf der Haut empfinden. Dieses Gefühl kann uns hinters Licht führen: Wir können uns auch verbrennen, ohne dass es sich warm anfühlt.

DIE MACHT DER UV-STRAHLEN

Die Stärke der ultravioletten Strahlen, welche die Atmosphäre durchqueren, hängt von verschiedenen Faktoren ab (vgl. Abbildung 1). In erster Linie von der Höhe der Sonne am Horizont, die sich nicht nur im Laufe des Tages verändert, sondern auch im Verlauf eines Jahres: Während ihres höchsten Standes an einem Tag (*Zenit*) – um 12 Uhr wenn die Winterzeit gilt, um 13 Uhr bei Sommerzeit – empfangen wir die stärkste ultraviolette Strahlung, die im Sommer noch schlimmer ausfällt. Auf die Zeit zwischen 10 und 14 Uhr entfallen außerdem 60 % der Gesamtmenge an ultravioletten Strahlen, die jeden Tag von unserer Atmosphäre aufgenommen werden.

Ein weiterer entscheidender Faktor ist der Breitengrad. Je näher man dem Äquator ist, desto mehr ultraviolette Strahlen bekommt man ab. Nicht zu vergessen die Höhe. Für je 1000 Meter, die man aufsteigt, nimmt die Konzentration an UV-Strahlen um 10 bis 12 % zu. Vorsicht ist also vor allem in den Bergen geboten, auch weil Schnee etwa 80 % der ultravioletten Strahlen reflektiert. Ähnliches gilt für Sand, der jedoch höchstens 25 % erreicht.

Und im Wasser? Nicht nur werden ultraviolette Strahlen vom Meer reflektiert und konzentriert, ein gewisser Anteil kann auch unter die Wasseroberfläche gelangen: Auf einem halben Meter Tiefe ist die Strahlung im Vergleich zur Oberfläche nur um 40 % reduziert. Dagegen kann Schatten die Einwirkung um etwa 50 % senken. Schließlich sollte man wissen, dass auch Wolken leicht überwunden werden können: Sie lassen bis zu 90 % der UV-Strahlen durch.

EIN INDEX FÜR ULTRAVIOLETTE STRAHLEN

Um das Risiko durch UV-Strahlen leichter verständlich zu machen, ist eine praktische Übersicht erstellt worden, die in Wetterberichten Verwendung findet. Dieser *UV-Index* zeigt die Strahlenstärke mit Hilfe einer Punkteskala an, die alle hier beschriebenen Faktoren berücksichtigt (vgl. Tabelle 1). Sie beginnt bei einem niedrigen Risiko (1 bis 2: Man kann sich ohne jeden Schutz im

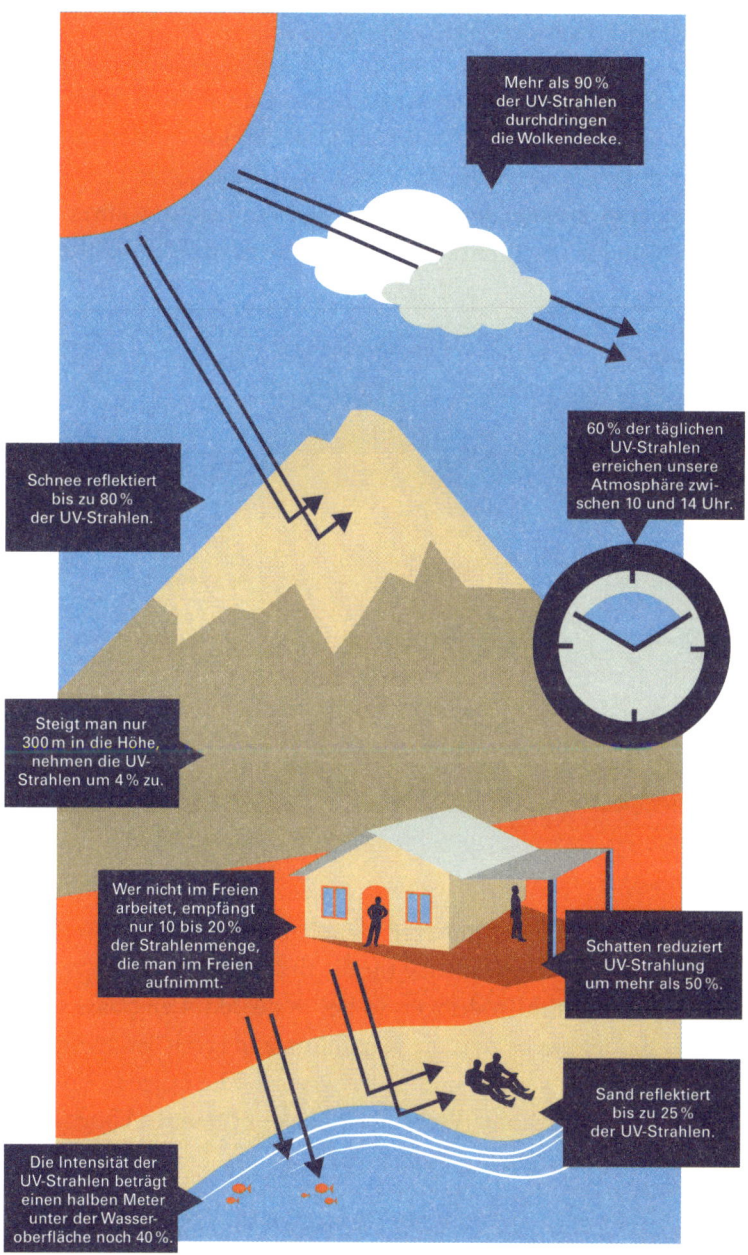

Mehr als 90 %
der UV-Strahlen
durchdringen
die Wolkendecke.

60 % der täglichen
UV-Strahlen
erreichen unsere
Atmosphäre zwi-
schen 10 und 14 Uhr.

Schnee reflektiert
bis zu 80 %
der UV-Strahlen.

Steigt man nur
300 m in die Höhe,
nehmen die UV-
Strahlen um 4 % zu.

Wer nicht im Freien
arbeitet, empfängt
nur 10 bis 20 %
der Strahlenmenge,
die man im Freien
aufnimmt.

Schatten reduziert
UV-Strahlung
um mehr als 50 %.

Sand reflektiert
bis zu 25 %
der UV-Strahlen.

Die Intensität der
UV-Strahlen beträgt
einen halben Meter
unter der Wasser-
oberfläche noch 40 %.

Abbildung 1 – UV-Strahlen zwischen Meer und Gebirge

Freien aufhalten), geht über ein mittleres und ein hohes Gefahrenniveau (3–5 und 6–7: Schutz durch Kopfbedeckung, Kleidung, Sonnenbrille und Sonnencreme ist nötig, man sollte Schatten aufsuchen und in den heißesten Stunden die Sonne meiden) bis hin zu sehr hohem und extremem Risiko (8–10 und über 11: Zusätzlich zu den genannten Schutzmaßnahmen unbedingt während der heißen Stunden im Schatten oder besser noch im Haus bleiben).

Piktogramm	Strahlungs-intensität	Schutz
UV 1 UV 2	schwach	Kein Schutz erforderlich
UV 3 UV 4 UV 5	mittel	Schutz erforderlich: Hut, T-Shirt, Sonnenbrille, Sonnencreme
UV 6 UV 7	hoch	Schutz erforderlich: Hut, T-Shirt, Sonnenbrille, Sonnencreme
UV 8 UV 9 UV 10	sehr hoch	Zusätzlicher Schutz erforderlich: Aufenthalt im Freien möglichst vermeiden
UV >11	extrem	Zusätzlicher Schutz erforderlich: Aufenthalt im Freien möglichst vermeiden

Tabelle 1 – Den UV-Index richtig lesen

AUSWIRKUNGEN AUF DIE HAUT

Diese Strahlen können unserer Haut auf unterschiedliche Arten schaden (bezüglich ihrer Rolle für die Bräunung der Haut vgl. Seite 119). UVA-Strahlen dringen so tief in die Haut ein, dass sie sogar das Bindegewebe und die Kapillargefäße erreichen, wodurch sie an Elastizität verliert und runzelig wird. Die Folgen? Vorzeitige Alterung und erhöhte Wahrscheinlichkeit für einen Hauttumor. UVB-Strahlen hingegen gelangen nicht in die Tiefe, aufgrund ihrer geringeren Wellenlänge können sie jedoch Bindungen auf Molekularebene auftrennen und die DNS der Hautzellen verändern, was das Hautkrebsrisiko erhöht. Und genau aus diesen Gründen muss man sich mit Sonnencreme schützen.

❷ DIE WIRKUNG VON SONNENCREME

Sonnencremes fungieren als Filter und halten schädliche ultraviolette Strahlen auf. Dabei kommen verschiedene Strategien zum Einsatz. Einige organische Moleküle sind in der Lage, ultraviolettes Licht aufzunehmen und in Wärme umzuwandeln, während gewisse andere anorganische Moleküle, wie Titandioxid und Zinkoxid, die Strahlen zerstreuen und reflektieren können.

Die Stärke dieses Filters, mit dem wir unsere Haut wie mit einer Schutzschicht bedecken, kann unterschiedliche Abstufungen haben. Alles hängt vom Lichtschutzfaktor ab (LSF; *Solar Protection Factor, SPF*). Dennoch benötigt diese geheimnisvolle Zahl, die man auf den Packungen der Sonnencremes lesen kann, noch einige Erklärungen. Zunächst muss erwähnt werden, dass sie sich auf den Schutz vor ultravioletten Strahlen des Typs B bezieht, da es unglücklicherweise keinen genauen Maßstab dafür gibt, wie gut eine Creme vor UVA-Strahlung abschirmt. In Europa muss auf jeder Packung klar erkennbar sein, ob sich der Schutzfaktor auf beide UV-Strahlungsarten bezieht. Wenn das so ist, muss die Stärke des UVA-Filters mindestens ein Drittel des UVB-Filters betragen.

Was genau bezeichnet also der Lichtschutzfaktor? Mit dieser Zahl wird verglichen, wie lange es dauern würde, um mit bzw. ohne Sonnenschutz einen Sonnenbrand zu bekommen. Wenn unser Hauttyp (vgl. Seite 120) in einer bestimmten Situation schon nach 10 Minuten gerötet wäre, würde Lichtschutzfaktor 15 bewirken, dass derselbe Effekt theoretisch erst nach zweieinhalb Stunden eintritt (man muss nur die 10 Minuten mit dem Faktor 15 multiplizieren). Nichtsdestoweniger handelt es sich nur um einen ungefähren Faktor: Sonnenbrand hängt nicht nur mit dem eigenen Hauttyp zusammen, sondern auch mit der Tageszeit, zu der man der Sonnenstrahlung ausgesetzt ist, mit den Wetterverhältnissen, mit der geographischen Lage und selbstverständlich auch damit, wie stark wir schwitzen und ob wir uns im Wasser befinden.

Eine andere Möglichkeit, um die Funktionsweise des Lichtschutzfaktors zu verdeutlichen, beruht auf dem Prozentsatz gefilterter Strahlen. Ein Schutzfaktor von 15, beispielsweise, absorbiert oder reflektiert ungefähr 93 % der UVB-Strahlen, während ein Schutz von 30 im Vergleich dazu gerade mal 97 % erreicht. Eine Verdoppelung des Lichtschutzfaktors bewirkt demnach nicht auch eine Verdoppelung der Schutzwirkung, die tatsächlich nur um wenig zunimmt. Das ist auch der Grund, weshalb Sonnencremes mit einem LSF von über 50 inzwischen nur noch als 50+ bezeichnet werden: Einen höheren Lichtschutzfaktor anzugeben wäre irreführend, da die Verbesserung in Wirklichkeit nur wenige Zehntel eines Prozentpunktes betragen würde. Aus demselben Grund darf in Europa auch nicht länger ein »vollkommener Schutz« oder Vergleichbares angepriesen werden – das gibt es schlicht nicht.

Wie Selbstbräuner funktionieren

Mittel dieser Art werden verwendet, um schnell einen Bräunungseffekt zu erzielen, ohne sich der Sonne auszusetzen. Sie enthalten keinerlei Sonnenschutzmittel und bieten der Haut auch sonst keinen zusätzlichen Schutz vor Sonnenstrahlen. Ihr Hauptinhaltsstoff ist Dihydroxyaceton (DHA), ein Molekül, das sich aus Kohlenstoff, Wasserstoff und Sauerstoff zusammensetzt ($C_3H_6O_3$). Wird die Creme aufgesogen, interagiert sie kurzzeitig mit einem Protein, das sich in den oberen Hautschichten findet (Keratin), und macht die Haut dunkler – ein Vorgang, der sich von der natürlichen Bräunung unterscheidet (vgl. Seite 119). Der Effekt tritt erst nach einigen Stunden ein und verblasst nach wenigen Tagen, sobald man das Mittel nicht länger anwendet. Das ist mit Sicherheit eine weniger gefährliche Methode, um im Winter einen gebräunten Teint zu bekommen, als die Verwendung von Solarien (die in einigen Ländern sogar verboten sind, weil sie das Tumorrisiko erhöhen).

Auch das Auge will geschützt sein

Ultraviolette Strahlen können auch am Auge Schäden verursachen, weshalb man am Strand besser eine Sonnenbrille trägt:

Sand und Meer können wie bereits erwähnt Sonnenstrahlen reflektieren und so die Einwirkung verstärken.

Das gilt auch bei bewölktem Himmel. Welche Auswirkungen haben UVA- und UVB-Strahlen auf das Auge? Der Weltgesundheitsorganisation zufolge kann die Einwirkung von Sonnenstrahlen folgende Leiden hervorrufen: *Photokeratitis* und *Photokonjunktivitis* (Entzündungen der Horn- bzw. Bindehaut), *Pterygium conjunctivae* (eine Gewebswucherung der Bindehaut, die auf die Hornhaut übergeht), *Katarakt* (Trübung der Augenlinse) und Augenkrebs.

Das Ozon, Feind der ultravioletten Strahlen

Die Erdatmosphäre filtert von Natur aus einen großen Teil der ultravioletten Strahlen: UVC-Strahlen können sie nicht durchdringen, UVB-Strahlen werden zu 90 % absorbiert, nur UVA-Strahlen gelangen beinahe ungehindert bis an die Erdoberfläche.

Was hält sie denn auf? Hauptverantwortlich dafür ist das Ozon, ein Molekül, das sich aus drei Sauerstoffatomen zusammensetzt (O_3). Es umgibt unseren Planeten auf 20 bis 40 Kilometern Höhe. Die stärksten UV-Strahlen (UVC) sind in der Lage, die molekularen Bindungen der gewöhnlichsten Erscheinungsform von Sauerstoff (O_2) zu zertrennen. Dadurch können die zwei freigesetzten Sauerstoffatome sich mit anderen O_2-Molekülen verbinden, um so Ozon herzustellen. O_3 ist äußerst instabil, und wenn es die UVC-Strahlen absorbiert, löst es sich abermals auf. Das so freigesetzte Sauerstoffatom kann sich wieder mit einem O_2-Molekül verbinden, und der Kreislauf beginnt von neuem. Einige Stoffe, die hauptsächlich aus Chlor, Fluor und Kohlenstoff bestehen (weswegen sie auch Chlorfluorkohlenwasserstoffe, CFKW, genannt werden, besser bekannt als *Fluorchlorkohlenwasserstoff*, FCKW), mischen sich in diesen Kreislauf ein, reagieren mit dem Ozon und verringern dessen Konzentration in der Atmosphäre. Dieses Phänomen ist als *Ozonloch* zu trauriger Berühmtheit gelangt und bezeichnet eine gefährliche Ausdünnung der Ozonschicht, hauptsächlich oberhalb der Polkappen. Gefährlich deswegen, weil weniger O_3 zur Folge hat, dass mehr ultraviolette Strahlen auf die Erde gelangen. 1987 wurde mit dem Montreal-Protokoll daher beschlossen, die Nutzung solcher FCKW-Gase zu verbieten, die beispielsweise in Spraydosen und Kühlschränken Anwendung fanden. Dank dieses Protokolls ist das Ozonloch dabei, sich langsam wieder zu verschließen.

Woraus Badebekleidung gemacht wird?

Zu Beginn des 20. Jahrhunderts verstand man unter Bademode noch schlichte Kleider aus Wolle und Baumwolle. Im Lauf der Jahrzehnte ist der Stoff für Badebekleidung jedoch dank der Technik zunehmend spezialisiert worden. Shorts und Bikinis – ungeachtet des Schnitts und der jeweiligen Mode – müssen gewisse gemeinsame Eigenschaften aufweisen: Sie sollten schnell trocknen, sich den Körperformen anpassen sowie Sonne und Wasser widerstehen können.

Als beste Lösung haben sich synthetische Fasern entpuppt, wobei man entweder nur Fasern eines Typs verwenden oder verschiedene Gewebe mischen kann, um die jeweils besten Eigenschaften zu vereinen. Einer der meistverwendeten Stoffe ist *Nylon*, ein Polyamidmolekül (bestehend aus CO-NH-Gruppen, die Kohlenstoff, Sauerstoff, Stickstoff und Wasserstoff enthalten), das 1935 erstmals synthetisiert wurde. Ursprünglich als Ersatz für Naturseide gedacht, ist dieser Kunststoff sehr leicht, widerstandsfähig und nimmt kaum Wasser auf. Allerdings schadet ihm zu viel direkte Sonneneinstrahlung.

Eine wahre Erfolgsgeschichte auf dem Gebiet der Bademode hat *Elastan* geschrieben, das ihr aber auch gerne *Spandex* nennen könnt, sofern ihr auf Superhelden steht. Ein weiterer kommerzieller Name dafür ist *Lycra*. Dieser Stoff besteht aus zwei synthetischen Polymeren (Polyurethan und Polyharnstoff), die ihm außergewöhnliche Elastizität verleihen. Er wurde von 1930 bis 1950 als Ersatz für Gummi entwickelt. Seine Schwäche ist die Haltbarkeit.

Die Gruppe der *Polyester* stellt eine weitere Gewebeart dar, die gerne für Badebekleidung verwendet wird. Es handelt sich dabei um eine weitere Form synthetischer Polymere, die weniger leicht und widerstandsfähig als Nylon sind, weniger elastisch und bequem als Elastan, dafür aber den Vorzug besitzen, über Jahre gut in Schuss zu bleiben, ohne zu verblassen.

Viele technologische Fortschritte in der Welt der Badebekleidung hat man professionellen Schwimmwettkämpfen zu verdanken. Wer hätte noch nicht von Super-Badehosen mit Rekordgarantie gehört? Bis 2009 fand ein regelrechter Wettlauf statt, um die besten Fasern für professionelle Schwimmer zu entwickeln. Nach nur wenigen Jahren schnellten anstelle der traditionellen Slips regelrechte Hightech-Schwimmanzüge durch die Bahnen. Die Folgen? Es wurde eine Bestmarke nach der anderen geschlagen. Weil in den Jahren 2008 und 2009 sage und schreibe 130 Rekorde gebrochen wurden, entschied der Internationale Dachverband des Schwimmsports (FINA), Anzüge dieser Art von 2010 an für Wettkämpfe zu verbieten. Heutzutage dürfen Schwimmer ausschließlich Badebekleidung tragen, die höchstens von oberhalb des Knies bis unterhalb des Bauchnabels (für Männer) bzw. bis unterhalb der Schultern (für Frauen) reicht. Sie darf nicht individuell angepasst sein und muss eine ganze Reihe von FINA-Vorgaben erfüllen.

Wie genau waren diese Wunderanzüge beschaffen? Das Prinzip ist recht einfach: Sie sollten dem Wasser wenig Widerstand bieten und den Auftrieb fördern. Der berühmte Lzr Racer von Speedo, beispielsweise, den der US-Amerikaner Michael Phelps 2008 erstmals trug, bestand aus einem Fasergewebe aus Nylon-Elastan und Polyurethan. Der Anzug war außerdem mit wasserabweisenden Nanopartikeln bedeckt, an denen Wasser noch weniger haften konnte als an nackter Haut. Es geht noch weiter: Dank seines Designs bestand der Lzr Racer aus einem einzigen Stück, weswegen es keine Nahtstellen gab und man dem Körper eine stärker hydrodynamische Form verleihen konnte, indem bestimmte Muskelgruppen komprimiert wurden. Schließlich war der Anzug in der Lage, Luftblasen in seinem Inneren einzuschließen, die dem Schwimmer zu mehr Auftrieb verhalfen. Kein Wunder, dass Speedo sich damit brüsten konnte, einen Beitrag zu 94 % der errungenen Goldmedaillen geleistet zu haben (in den Rennen, in denen der Lzr Racer zum Einsatz kam).

ATMET MAN AM MEER JOD?

Jod ist für unseren Körper überlebenswichtig. Ohne Jod kann insbesondere die unterhalb unseres Kehlkopfes befindliche Schilddrüse nicht richtig arbeiten. Sie produziert zwei wichtige Hormone, die sie anschließend in den Blutkreislauf abgibt: *Thyroxin* und *Triiodthyronin*, deren Moleküle aus vier bzw. drei Jodatomen gebildet werden (chemisches Symbol I). Ohne dieses Element kann die Schilddrüse die Hormone nicht bilden.

Die Schilddrüsenhormone haben auf unterschiedliche Weise Einfluss auf unser Leben: Sie regeln den Stoffwechsel der Zellen (zum Beispiel die Energieproduktion und die Proteinsynthese), die Körpertemperatur und den Herzschlag und regen das Wachstum und die Entwicklung des Nervensystems an.

Kurz: Wir sind auf Jod angewiesen, um richtig funktionieren zu können. Es ist ein weit verbreiteter Aberglaube, dass man am Meer dieses Element in rauen Mengen einatmet. Im Folgenden die Erklärung, weshalb es sich dabei immerhin um eine Halbwahrheit handelt.

JOD LIEGT IN DER LUFT

Jod ist ein lösliches Element: Regen wäscht es aus dem Gestein, und so gelangt es in die Flüsse und schließlich ins Meer. Anders als Natriumchlorid (vgl. Seite 68) verdunstet Jod an der Meeresoberfläche und kehrt aus der Atmosphäre mit dem Regen wieder zurück. Der Verdunstung ist es also zu verdanken, dass die Luft und die Brisen am Meer jodhaltiger sind als im Landesinneren.

Ein Teil dieser verstreuten Atome wird von unserem Organismus über die Atmung aufgenommen, aber es handelt sich dabei nur um einen sehr kleinen Prozentsatz. Der Hauptanteil unseres Tagesbedarfs an Jod wird über die Ernährung gedeckt.

♪ JODIERT ESSEN

Jugendliche und Erwachsene sollten jeden Tag etwa 150 Mikrogramm (µg, Millionstel Gramm) Jod zu sich nehmen, eine schwangere Frau 220 µg, eine stillende Mutter sogar 290 µg. Bestimmte Nahrungsmittel stellen die Hauptquelle für dieses Element dar. Der Jodgehalt in Gemüse kann beispielsweise stark variieren und hängt von der Jodkonzentration im Boden ab, auf dem es angebaut wurde.

Am meisten Jod enthalten Fische aus dem Meer, Algen und Krustentiere, aber auch in Eiern, Milch und Fleisch finden sich größere Mengen. Nimmt man Jod allein über Speisen auf, ist jedoch die Versorgung unseres Körpers mit der benötigten Tagesmenge nicht garantiert, weshalb man gut daran tut, Jodsalz zu verwenden. Darunter versteht man gewöhnliches Kochsalz (NaCl), das mit Jod in Form von Jodid oder Kaliumjodid angereichert wurde: Ein Kilogramm Jodsalz enthält etwa 30 Milligramm Jod. Das heißt jedoch nicht, dass man es mit dem Salzen generell übertreiben sollte: besser kleinere Mengen, dafür Jodsalz.

♪ OH JOD, DU FEHLST MIR SO

Ohne Jod kann die Schilddrüse nicht richtig arbeiten. Nimmt man nicht ausreichend Jod zu sich, vergrößert sich die Schilddrüse daher, um nach Möglichkeit größere Mengen aus dem Blut entnehmen zu können.

Dieses Krankheitsbild wird *Struma* oder *Kropf* genannt und tritt am häufigsten in Bevölkerungsgruppen auf, die nicht genug Jod über die Nahrung aufnehmen (man denke nur an gebirgige Regionen, in denen man nicht ohne weiteres an Fisch gelangen kann).

Vom Jod hängt auch unsere Intelligenz ab. Werden wir in einigen kritischen Abschnitten unseres Lebens nur unzureichend mit Jod versorgt, kann dass die Entwicklung des zentralen und peripheren Nervensystems beeinträchtigen und eine mentale Retardierung herbeiführen. Die Jodaufnahme ist besonders während der Schwangerschaft und in der Stillzeit wichtig. Mütter, deren Ernährung unzureichende Mengen Jod enthält, können Kinder mit (angeborener) Hypothyreose zur Welt bringen, die mit großer Wahrscheinlichkeit unter geistigen Entwicklungsstörungen leiden werden; dasselbe gilt für Kinder, die folglich jodreiche Speisen zu sich nehmen müssen.

WENN DIE QUALLE STICHT

Wie man es auch dreht und wendet, sie bleiben merkwürdige Tiere: durchsichtige Haut, kein Skelett und kein Gehirn. Trifft man am Ufer auf eine Qualle, neigt man meist dazu, fühlen zu wollen, wie weich das gallertartige Ding tatsächlich ist – was keine wirklich gute Idee darstellt, selbst wenn die Qualle tot ist. Sobald man ihre Tentakel auch nur streift, können nämlich Tausende winziger Harpunen losschnellen und Gift in unsere Haut injizieren. Die Folgen? Das hängt ganz davon ab, was für eine Qualle man vor sich hat: Einige sind harmlos, andere können tödlich sein. Die Arten des Mittelmeers, beispielsweise, gehören nicht zu der wirklich gefährlichen Sorte, können aber in jedem Fall starke Schmerzen und Hautreizungen verursachen. Was tun, wenn man gestochen wird? Reicht es, auf die Wunde zu urinieren?

NEIN, KEINEN URIN

Es geschah in einer Folge der Serie *Friends* aus dem Jahr 1997. Während eines Strandausflugs wurde Monica von einer Qualle verletzt, und Joey, der sich an einen Dokumentarfilm auf dem *Discovery Channel* erinnerte, regte ein einfaches Gegenmittel an: Der Schmerz werde verschwinden, wenn man auf die Verletzung pieselte, dank des im Urin enthaltenen Ammoniaks. Und siehe da: es funktionierte. In Wahrheit wird dieser Volksglaube von keiner wissenschaftlichen Erkenntnis gestützt, vielmehr könnte die peinliche Prozedur die Lage sogar noch verschlimmern.

Bei der Berührung mit dem Gift erleidet die Haut eine Entzündung mit den Symptomen Rötung, Schwellung und Blasenbildung: Der betroffene Bereich brennt, juckt und schmerzt. Die Giftstoffe der Qualle enthalten nämlich ein Proteingemisch, das örtliche Reaktionen hervorruft, aber potenziell auch Herzkreislaufbeschwerden und allergische Reaktionen auslösen kann, wenn es in den Blutkreislauf gelangt.

Im ersten Moment verhält man sich am besten so: Zunächst – sofern keine Lebensgefahr besteht – sollte man alle eventuell noch an der Haut hängenden Tentakel entfernen. Jedes dieser Tentakel kann Tausende oder sogar Milliarden kleiner Zellen enthalten, die *Nematocyten* oder *Nesselzellen* genannt werden. Diese Organellen bestehen aus einer Kapsel, in der sich die brennende Flüssigkeit (das »Gift«) und ein aufgewickelter Faden (der *Nesselschlauch*) befinden. Am oberen Ende ragt ein auf Reize reagierender sensorischer Stiel (*Cilie* oder *Sinnesgeißel*) hervor. Wird die Sinnesgeißel berührt, steigt der Druck innerhalb der Kapsel, und der Faden schießt wie eine Sprungfeder nach außen, dringt in die Haut ein und setzt sein Gift frei. Das ist eine der schnellsten mechanischen Reaktionen der gesamten Tierwelt. Dieser Mechanismus agiert außerdem völlig unabhängig vom Nervensystem der Qualle, daher kann ein verstorbenes Exemplar oder ein abgerissenes Tentakel unvermindert gefährlich sein; aus diesem Grund müssen Tentakel mit großer Sorgfalt entfernt werden: sie könnten immer noch »feuern«. Am einfachsten ist es, den betroffenen Bereich mit Meerwasser abzuspülen und die Fangarme mit einer Pinzette zu entfernen oder sie vorsichtig mit einer Plastikkarte abzuschaben. Es ist wichtig, Meerwasser zu verwenden, da Salzwasser die Nesselzellen deaktiviert, während Süßwasser sie auslöst.

Das beste Mittel, um den Schmerz und örtliche Beschwerden zu lindern sowie die weitere Verbreitung des Giftes aufzuhalten, ist von Art zu Art unterschiedlich, da es sehr verschiedene Giftstoffe gibt. Laut einer Studie, die 2013 von US-amerikanischen und italienischen Wissenschaftlern in der Zeitschrift »Marine Drugs« veröffentlicht wurde, ist es dennoch allgemein am besten, Schmerzmittel (zur Einnahme oder äußeren Anwendung) zu verwenden, Bicarbonat, warmes Wasser, Eis oder – bei einigen Quallenarten – gewöhnlichen Essig. Sofern es sich nicht um eine tropische Qualle handelt (also keine tödliche), ist die Hauptsorge der Schmerz: Nach dem Spülen mit Meerwasser legt man am besten

Eispackungen auf, welche die Verbreitung des Giftes verlangsamen und schmerzlindernd wirken; war hingegen eine Portugiesische Galeere (*Physalia physalis*) am Werk, nimmt man besser 40 °C heißes Wasser für 20 Minuten.

🐙 DIE QUALLE IST NUR EINE PHASE

Ein Klumpen Gelatine, der uns fasziniert und ängstigt. Quallen sind wirbellose Tiere und Fleischfresser aus lang vergangenen Zeiten, ohne Skelett und ohne komplexes Nervensystem. Es gibt sie schon seit mindestens 500 Millionen Jahren, und sie gehören zu einer Gattung namens *Cnidaria* oder *Nesseltiere*. Sie umfasst etwa 10 000 Arten ganz unterschiedlicher Natur, darunter Korallen und Seeanemonen, von denen nur etwa 100 dem Menschen gefährlich werden können. Was wir landläufig als *Qualle* oder *Meduse* bezeichnen, kann in der Tat zu ganz verschiedenen Klassen gehören: Es gibt *Cubozoa* (Würfelquallen) oder *Scyphozoa* (Schirmquallen), *Stauromedusae* (Stielquallen) und noch viele mehr; insgesamt zählt man Abertausende Spezies. Eine der größten allgemeinen Absonderlichkeiten der Quallen ist die Tatsache, dass ihre Form nur eine einzelne Phase in einem sehr komplexen Lebenszyklus darstellt.

Beginnen wir bei ihrer Anatomie. Der Körper hat die Form eines Schirms, dessen Durchmesser wenige Millimeter oder einige Meter betragen kann. Er enthält den Gastralraum, in dem die Beutetiere (Plankton, kleine Fische, Eier und andere Quallen) verdaut und Nährstoffe aufgenommen werden. Eine Öffnung an der Unterseite dient sowohl als Mund wie auch als After, und rings um den unteren Teil des Schirms befinden sich Tentakel, deren Anzahl von Art zu Art variiert, wie auch die Länge: Sie können wenige Millimeter oder einige Dutzend Meter lang sein.

Quallen sind ein hervorragendes Beispiel für ein Phänomen, das man in der Biologie *Radialsymmetrie* nennt: Sämtliche Teile sind strahlenförmig um eine zentrale Achse angeordnet. Beim

Menschen spricht man hingegen von *Bilateralsymmetrie* (kurz gesagt teilt unsere Symmetrieachse uns längs in zwei Hälften). Sind sie nicht durchsichtig, können sie weißliche, gelbliche, violette oder bläuliche Farben annehmen.

Ihre Bewegungen im Meer haben etwas Hypnotisches. Indem sie den Schirm zusammenziehen und wieder ausbreiten, verdrängen sie das Wasser unter sich und bewegen sich zierlich wallend vorwärts. Ihr Nervensystem ist sehr schlicht. Es besteht aus einem Netz verbundener Neuronen, die sich gleichmäßig über ihren gesamten Körper verteilen, ohne Gehirn oder Rückenmark. Quallen sind in der Lage, Reize wahrzunehmen und auf Berührungen zu reagieren, können aber auch Nahrung und andere Substanzen erkennen. Ihre Reaktion ist jedoch meist dieselbe: Sie bewegen sich.

Wenngleich es sich bei ihnen um recht einfache Organismen handelt, ist ihr Lebenszyklus äußerst bemerkenswert. Was wir üblicherweise im Meer sehen können, ist eigentlich nur eine von zwei Haupterscheinungsformen, in denen Quallen auftreten (die andere ist der Polyp). Diese Tiere können sich fortpflanzen, indem sie entweder das Erbmaterial zweier Individuen vereinen (*geschlechtliche Fortpflanzung*), oder aber ohne Einwirkung von außen (*ungeschlechtliche Fortpflanzung*).

Fangen wir mit der geschlechtlichen Fortpflanzung an und vereinfachen die Differenzen zwischen den verschiedenen Arten einmal auf das Wesentliche: Die männliche Qualle gibt ihren Samen an das Wasser ab, die weibliche Qualle fängt ihn anschließend auf. Dadurch werden die Eier im Inneren ihres Körpers befruchtet, und es beginnt die Entwicklung einer Larve (*Planula*). Hat diese die volle Reife erreicht, wird sie ausgesetzt und sinkt zum Meeresboden. Hier setzt sie sich fest und wächst weiter, bis sie zu einem *Polypen* wird, einem Zylinder mit Tentakeln und Mund an der Oberseite (praktisch eine auf den Kopf gestellte Qualle). In diesem Stadium kann die ungeschlechtliche Fortpflanzung erfolgen: Der Polyp kann weiteren Polypen durch Knospung das Leben schenken. Unter idealen Bedingungen kann er sich außerdem verwandeln und eine Reihe kleiner Medusen erzeugen (*Ephyra*), die schwimmen können und sich zu der erwachsenen Form entwickeln, die wir kennen. Und der Kreislauf beginnt von neuem.

☂ QUALLEN DER WELT

Es gibt Tausende verschiedene Arten von Quallen, und jedes Jahr werden neue entdeckt. Sehen wir uns einmal auf unserem Planeten um und werfen einen Blick auf die bekanntesten. Beginnen wir mit der *Aurelia aurita*, oder Ohrenqualle, die vielleicht am häufigsten vorkommt: Ihr Schirm beschreibt eine vollkommene Kreisform von 20 bis 40 Zentimetern Durchmesser, und ihr Körper ist von einem transparenten Weiß, das vier ringförmige Strukturen im Inneren erkennbar macht. Sie tritt im Atlantischen, Pazifischen und Indischen Ozean auf, bisweilen findet man sie auch im Mittelmeer. Für den Menschen ist sie nicht gefährlich, da ihre Nesselzellen nicht in der Lage sind, seine Haut zu durchdringen.

Der weltweit gefährlichsten hingegen können wir hauptsächlich zwischen Südostasien und Nordaustralien begegnen: Sie heißt *Chironex fleckeri*, auch Seewespe genannt, und erinnert an einen Würfel mit einer Kantenlänge von 25 Zentimetern. Ihre Tentakel können bis zu drei Meter lang werden. Diese schnelle Schwimmerin hat unter den Quallen mit das komplexeste Nervensystem und verfügt sogar über Augen, die eine richtige Netzhaut aufweisen. Ihre Giftstoffe können tödlich sein, daher hält man sich von ihr am besten besonders fern.

Eine weitere giftige Qualle, die sich jedoch häufig in den nähergelegenen Meeren aufhält (Mittelmeer, Ostatlantik und Nordsee), ist die *Pelagia noctiluca*, auch Leuchtqualle oder Feuerqualle, weil sie im Dunkeln ein leichtes Leuchten von sich gibt. Ihr transparenter Schirm von etwa 10 Zentimetern Durchmesser hat eine rötlichbraune oder rosaviolette Färbung, ihre Tentakel erreichen eine Länge von bis zu zwei Metern und können äußerst schmerzhaft sein. Wenngleich ihr Gift nicht tödlich ist, stellt sie doch die giftigste Qualle des Mittelmeers dar, gemeinsam mit der *Chrysaora hysoscella* (Kompassqualle, auch in Atlantik und Nordsee vertreten) und der *Rhopilema nomadica* (Nomadenqualle, ursprünglich im tropischen Indischen und Pazifischen Ozean beheimatet).

Besonders gefährlich und deswegen auch besonders bekannt ist die Portugiesische Galeere (*Physalis physalis*). In Wahrheit handelt es sich hierbei nicht um eine Meduse, sondern um eine Kolonie von vier verschiedenen Polypen, die auf ihre gegenseitige Zusammenarbeit angewiesen sind. Ihren Namen hat sie von ihrer vage an ein Schiff erinnernden Form. Die Galeere ist bilateral symmetrisch aufgebaut und setzt sich zusammen aus einer sackförmigen Gasblase von bis zu 15 Zentimetern Länge, die an der Oberfläche schwimmt, und zahlreichen Tentakeln, die bis zu 50 Meter lang sein können. Wird sie angegriffen, lässt der Sack rasch die Luft entweichen, um abzutauchen. Dieses seltsame Tier ist durchsichtig mit blauen, violetten, lila- und rosafarbenen Nuancierungen. Es ist in tropischen und subtropischen Meeren verbreitet und wenngleich das selten geschieht, kann sein Gift doch zum Tode führen.

Quecksilber und seine Folgen

Am Meer besteht für Feinschmecker eines der größten Vergnügen darin, raue Mengen an Fisch zu verzehren. Fisch ist gewiss gesund, isst man jedoch zu viel davon, kann das durchaus das eine oder andere Problem hervorrufen. Neben Schwermetallen wie Arsen, Kadmium oder Blei, wettern Ärzte vor allem gegen jenes chemische Element, das die alten Griechen *flüssiges Silber* nannten: Quecksilber. So mancher wird schon mit einem Quecksilberkügelchen gespielt haben, nachdem ein Thermometer zu Bruch gegangen ist, leider trägt jedoch der harmlose Schein: Diese Substanz ist äußerst giftig und muss mit größter Vorsicht behandelt werden (daher vermeidet man auch besser die Berührung mit der bloßen Hand). Quecksilber, Hg im Periodensystem, ist natürlicher Bestandteil der Erdkruste, durch den Menschen hat sich seine Konzentration in der Atmosphäre und den Weltmeeren jedoch erhöht. Kohleverbrennung, bestimmte chemische beziehungsweise Industrieprozesse, wie die Ölraffination und der Abbau in Quecksilberminen, haben mit dazu geführt, dass seine Anwesenheit auf unserem Planeten immer stärker spürbar wird. Das von Menschen produzierte Quecksilber kehrt über die Fische zu uns zurück: auf unseren Esstisch. Nachdem es in die Atmosphäre oder die Flüsse abgegeben wird, landet das Quecksilber in den Ozeanen. Es sammelt sich in den Meeren an, wo es von Bakterien, Algen, Plankton und Fischen als *Methylquecksilber* (CH_3HG^+) aufgenommen wird. Diese organische Verbindung besteht aus einer Methylgruppe (CH_3^-) und einem Quecksilber-Ion (Hg^+). Die Abbauzeit dieses Moleküls ist recht hoch, daher sammelt es sich leicht in tierischen und pflanzlichen Organismen an, und genau hier erhöht es langsam seine Konzentration. Nehmen wir einmal an, ein kleiner Fisch ernährt sich hauptsächlich von Algen, die Quecksilber enthalten, und wird von einem größeren Fisch gefressen. Dieser wiederum wird mit einigen anderen seiner Artgenossen wiederum zum Hauptgericht für ein noch größeres Tier, und immer so weiter: Mahlzeit für Mahlzeit, Raubtier für Raubtier nimmt die Quecksilberkonzentration zu, je höher wir in der Nahrungskette steigen. Dieser Prozess nennt sich *Biomagnifikation*. So ist auch schnell erklärt, weshalb sich dieser Giftstoff insbesondere in Raubtieren nachweisen lässt. Die größten Mengen Quecksilber wurden in Haifischen, Schwertfischen und Königsmakrelen gefunden, gefolgt von Thunfischen mit mittleren Werten und den sehr geringen Konzentrationen in Lachsen und Garnelen. Die wesentlichen Symptome einer akuten Quecksilbervergiftung sind Wahrnehmungsstörungen (Gesichts-, Gehör- und Tastsinn) sowie Koordinations- und Artikulationsschwierigkeiten, aber neben Hirnschäden können auch die Nieren und die Lunge schwer in Mitleidenschaft gezogen werden. Wenn schon eine durchschnittliche Person darauf achten sollte, keine großen Mengen an quecksilberbelastetem Fisch zu verzehren, sollten bestimmte Bevölkerungsgruppen gänzlich darauf verzichten, namentlich schwangere Frauen und stillende Mütter. Eine der schwerwiegendsten Folgen von Quecksilber im Blutkreislauf ist eine Beeinträchtigung in der Entwicklung des Nervensystems, die zu geistiger Behinderung führen kann.

Umweltverschmutzung durch Quecksilber ist in den vergangenen Jahrzehnten zu einem ernsten Problem geworden: Die höchsten Emissionen in die Atmosphäre gab es in den sechziger Jahren, und laut dem Global Mercury Assessment von 2013 wurden 2010 rund 1960 Tonnen Quecksilber über den Globus verteilt. An erster Stelle stehen die Vereinigten Staaten, die für 50 % dieses Ausstoßes verantwortlich sind, was ein Einschreiten der Weltgemeinschaft notwendig gemacht und wiederum zur Unterzeichnung des Minamata-Übereinkommens (*Minamata Convention on Mercury*) geführt hat – im Andenken an das japanische Städtchen, in dem zwischen 1932 und 1968 ein Chemiekonzern große Mengen Methylquecksilber ins Meer abgeleitet hat, was Tausende Todesopfer forderte. Dieses Abkommen sieht verschiedene Maßnahmen vor, die allesamt darauf abzielen, die Verschmutzung durch Quecksilber einzudämmen. Darunter sind beispielsweise die Abschaffung von Quecksilberthermometern bis 2020, die Schließung von Quecksilberminen innerhalb von 15 Jahren nach Unterzeichnung und Einschränkungen für die Verwendung von Quecksilber in bestimmten Chemiewerken zwischen 2018 und 2025. Unter den 98 Unterzeichnerstaaten sind China, Deutschland, Italien, Österreich, die Schweiz und die Vereinigten Staaten, allerdings fehlen auch einige Größen, wie beispielsweise Russland, Indien oder Thailand.

EINE MUSCHEL SO HART WIE MARMOR

Manche Strände sind regelrecht darunter begraben (vgl. Seite 158), an anderen kann ein geübtes Auge die unterschiedlichsten Formen und Arten entdecken: Die Rede ist von Muscheln, jener harten Ummantelung, die einigen Weichtieren des Meeres als Schutz dient. Wenn wir sie am Strand finden, oft zerbrochen und ausgebleicht, aber ohne ihren ursprünglichen Bewohner, wird uns bewusst, wie widerstandsfähig sie sind. Ganz zu schweigen von ihrer so sehr gleichmäßigen Form.

Sie scheint fast nach mathematischen Grundsätzen gebaut, doch in Wahrheit sind die zuständigen Architekten sehr einfallsreiche Tiere.

MUSCHELKONSTRUKTEURE

Das Material, aus dem eine Muschel gebaut ist, heißt Calciumcarbonat ($CaCO_3$). Dieses wasserlösliche Salz wird aus Kohlensäure gewonnen und ist auf unserem Planeten weit verbreitet. Man findet es beispielsweise in Gestein wie Marmor, Gips und Travertin.

Sprechen wir von *hartem* Wasser, beziehen wir uns dabei auf die hohe Konzentration von Calciumcarbonat, das einen Kalkbelag zurücklässt, wenn es verdampft. Einige Meeresorganismen sind nun in der Lage, dieses äußerst harte Material von Natur aus herzustellen. Sie erschaffen damit die bekannten Spiralformen der *Gastropoden* (Schnecken, wie beispielsweise das Brandhorn oder die Kreiselschnecke) oder die zweischaligen Varianten der *Lamellibranchia* (auch *Bivalvia*, Muscheln, wie beispielsweise Venusmuscheln oder Austern).

Wie alle Wirbellosen verfügen Weichtiere zwar nicht über die stützende Struktur eines Skeletts, jedoch haben einige von ihnen im Verlauf der Evolution die Fähigkeit entwickelt, sich selbst ein externes zu bauen: ein *Exoskelett*.

Andere hingegen, wie die Kopffüßer, zu denen etwa Kraken und Tintenfische gehören, haben sich teilweise eine kleinen internen Festkörper zur Stabilisierung erhalten, wie den Schulp, ein Andenken an ein längst vergangenes Exoskelett.

Der Schutzschild, den wir *Muschelschale* oder kurz *Muschel* nennen, besteht zu 95 % aus Calciumcarbonat, während die restlichen 5 % sich aus einem Gemisch organischer Moleküle zusammensetzen, dem *Conchiolin*. Sowohl dieser Stoff als auch das für das Carbonat benötigte Calcium werden vom *Mantel* des Tieres abgeschieden, jenem Teil des Rückens, auf dem im Grunde die Muschel errichtet wird.

☀ DIE ARCHITEKTUR EINER MUSCHEL

Die Schale eines Weichtieres kann in verschiedene Schichten unterteilt werden (vgl. Abbildung 2). Die äußerste ist das *Periostracum* (oder *Schalenhaut*) und stellt eine dünne Conchiolin-Beschichtung dar, die äußerst elastisch ist und Stöße ablenken kann. Besonders bei Muscheln, die erst vor kurzem an den Strand gespült wurden, lässt es sich leicht ausmachen: Ist ihre Oberfläche teilweise abgerieben, erkennt man einen Farbunterschied zur darunterliegenden Kalkschicht. Die nächste Schicht ist das *Ostracum* (auch *Prismenhaut*), das aus quer zur Oberfläche liegenden Prismen aus Calcit (einer Form von Calciumcarbonat) besteht und Conchiolin-Einlagerungen aufweist.

Noch tiefer liegt das *Hypostracum*, das aus Aragonit besteht, einer weiteren Form von Calciumcarbonat, die in manchen Weichtieren auch als *Perlmutt* vorkommt. Das Aragonit ist in parallel zur Schale verlaufenden Lamellen angeordnet, die ebenfalls von Conchiolin zusammengehalten werden.

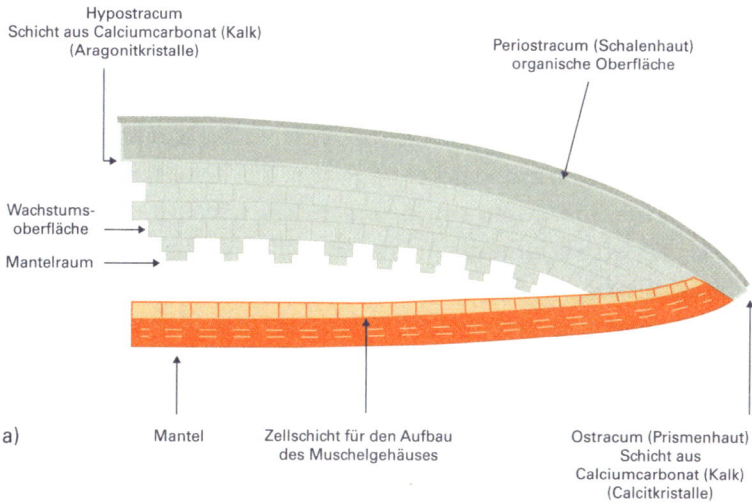

a)

Hypostracum
Schicht aus Calciumcarbonat (Kalk)
(Aragonitkristalle)

Periostracum (Schalenhaut)
organische Oberfläche

Wachstums-
oberfläche

Mantelraum

Mantel

Zellschicht für den Aufbau
des Muschelgehäuses

Ostracum (Prismenhaut)
Schicht aus
Calciumcarbonat (Kalk)
(Calcitkristalle)

b)

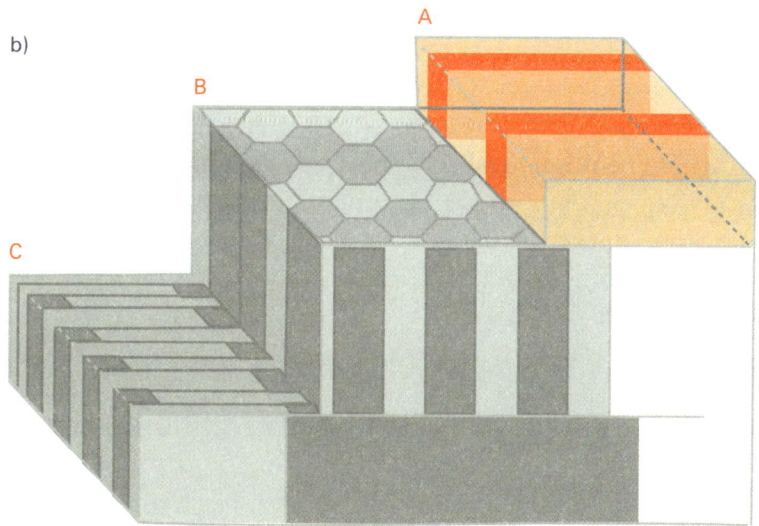

A – Periostracum, organische Schicht
B – Ostracum, aus Calcit-Prismen gebildet
C – Hypostracum, aus Aragonit-Lamellen gebildet

Abbildung 2 – Aufbau einer Muschel

Die letzten beiden übereinanderliegenden Ebenen verleihen der Muschel Härte und Widerstandskraft.

Um diese Schichten herzustellen, benötigen Weichtiere ein ausgefeiltes zelluläres Ingenieurssystem. Grundlegende Voraussetzung ist zunächst einmal ein abgeschlossener Arbeitsraum, worin die benötigten Baustoffe für die Muschel angereichert werden können. Hierfür sorgt das Periostracum, das den Mantel von der Umwelt abschirmt und so den *Mantelraum* schafft. Sowohl für die Calcit- als auch für die Aragonitschicht wird ein Baugerüst benötigt, mit dessen Hilfe das Kalkgefüge konstruiert werden kann. Das Prinzip unterscheidet sich nur wenig von der Idee des Stahlbetons, bei dem man ein Skelett aus Stahl mit Beton ummantelt. Bei der Muschelschale stellt jedoch das Conchiolin die Gerüststruktur dar, die anschließend von Calciumcarbonat umschlossen wird.

Weichtiere entnehmen Carbonat über die Atmung und die Nahrungsaufnahme aus ihrer Umgebung, fügen es in ihren Kreislauf ein und sammeln es schließlich im Mantel, wo es nur darauf wartet, für den Bau der Muschelschale freigesetzt zu werden. Nimmt die Konzentration im Mantelraum zu, wird der *Kristallisationsprozess* ermöglicht: Das $CaCO_3$ geht spontan von einem flüssigen Zustand in einen festen über, wobei sich die Moleküle gleichmäßig um einen zentralen Kern anordnen. Stellt euch die Geburt einer Schneeflocke vor, die sich aus ihrem Mittelpunkt heraus entfaltet. Hier allerdings lenkt eine Schablone aus Conchiolin die Kristallisation des Salzes.

WENN EINE MUSCHELSCHALE ZERBRICHT

Die diversen Schichten der Schale wachsen nicht von jeder Stelle des Mantels aus. Wenngleich die Perlmuttschicht auf seiner gesamten Oberfläche produziert wird, so werden die Prismenschicht und die Außenhaut doch nur von den Rändern her gebaut.

Daraus ergibt sich, dass die Muschel eine Beschädigung der Schale an ihrer Kante leicht reparieren kann, jedoch ein Schaden, der weiter vom Rand entfernt ist, nicht wiederhergestellt werden kann. Mit dem Wachstum des Weichtieres dehnt sich die Schale an den Rändern des bestehenden Gehäuses aus. Die dabei entstehenden Zuwachslinien sind den Wachstumsringen der Bäume nicht unähnlich.

Weiß man um diesen Vorgang, lässt sich leicht erraten, welcher Teil der Muschel der älteste ist: der am weitesten von den Rändern entfernte. Bei spiralförmigen Gebilden trifft das insbesondere auf die Spitze zu.

❀ WIE EINE PERLE ENTSTEHT

Perlen haben in etwa dieselbe Geschichte wie Muscheln, da sie aus demselben Material bestehen, Calciumcarbonat, und Schicht für Schicht vom Mantel einiger Weichtiere gebildet werden. Weshalb aber erschaffen Austern kleine Kugeln, statt ihre Schale weiter zu verstärken? Das geschieht, wenn ein mikroskopischer Gegenstand, wie etwa ein Parasit oder ein Muschelstückchen, in den Mantelraum gelangt. Dieser Eindringling verursacht eine Reizung, und um sich dagegen zu wehren, bedeckt der Mantel ihn mit konzentrischen Schichten von Perlmutt. Nach Jahren der Arbeit entsteht so die Perle, die wir alle kennen. In der Natur kommen sie sehr selten vor, zumal nicht in perfekter Kugelform, weshalb wir begonnen haben, sie zu züchten, indem wir einen Fremdkörper in einer Auster platzieren, der von einer künstlichen Perle umschlossen wird.

Muscheln und Fraktale

Was ist ein Fraktal? Benoît Mandelbrot, der den Begriff geprägt hat, beschreibt damit ein geometrisches Objekt, das sich in verschiedenen Maßstäben innerhalb seiner Form wiederholt, also beispielsweise aus mehreren kleineren Kopien seiner selbst zusammengesetzt ist.

Das bedeutet, dass wir keinen Unterschied feststellen können, ganz gleich, ob wir den Gegenstand von nahem oder von fern betrachten. Nehmen wir einmal die Schale eines Weichtiers wie dem Nautilus. Dieser Kopffüßer hat ein spiralförmiges Gehäuse mit einem Durchmesser von etwa 20 Zentimetern (vgl. Abbildung 3). Der Querschnitt der Schale stellt in etwa die Approximation einer logarithmischen Spirale dar: Ausgehend von einem Mittelpunkt nimmt der Radius der Spirale gemäß einer geometrischen Folge zu (das Verhältnis zwischen jedem vorhergehenden und jedem nachfolgenden Punkt auf der Spirale bleibt konstant). Ob wir sie nun von ganz nah anschauen oder von weiter weg, ihre Form ändert sich nicht. Das ist nur eines von vielen Fraktalen, die in der Natur auftreten. Weitere Beispiele sind etwa der Romanesco-Blumenkohl, Galaxien oder Wirbelstürme.

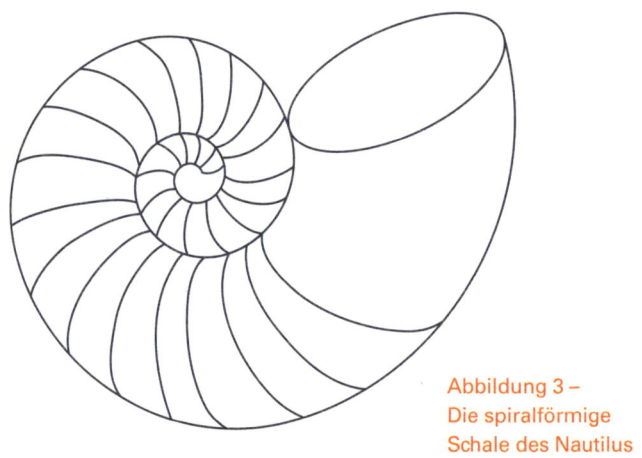

Abbildung 3 –
Die spiralförmige
Schale des Nautilus

Weshalb man in Muscheln das Meer hören kann

Nehmt einmal eine etwas größere Spiralmuschel und haltet sie mit der Öffnung an euer Ohr: Unglaublich, man hört das Meer. Das ist eine der Überraschungen, mit denen man Kinder beeindrucken kann. Ist es möglich, dass eine Muschel sich an das Meer erinnert? Nein, es ist ganz einfach eine Frage der Physik. Was man da hört, ist eigentlich eher ein Umgebungsgeräusch, da nämlich alle Schallwellen, die durch die Luft übertragen werden (zu leise, um wahrgenommen zu werden, oder von uns nicht ausreichend beachtet), in die Muschel gelangen. Einige dieser Frequenzen werden dabei verstärkt, auch wenn wir nicht in Meeresnähe sind. Denkt nur an den Klangkörper einer Gitarre: Hinter den Saiten befindet sich ein Hohlraum, der von Holz umschlossen ist. Er dient genau dem Zweck, die Schallwellen aufzufangen und zu verstärken. Die Windungen der Muschel machen dasselbe. Wenn ihr das nicht glauben wollt, macht einen kleinen Test: Formt die Hände zu einem Kelch und haltet sie an euer Ohr. Hört ihr etwa nicht das Meer rauschen?

BIOLOGIE

Kapitel 12

WARUM WIR KEIN MEER-WASSER TRINKEN KÖNNEN

Ein Sturm, das Schiff kentert und irgendein armer Teufel treibt mitten auf dem Meer, verzweifelt an einen Holzbalken geklammert. Die Geschichte werdet ihr schon oft in Büchern gelesen oder auf der Leinwand gesehen haben. Außerdem gibt es darin immer wieder die eine oder andere Figur, die partout Meerwasser trinken muss, obwohl es schrecklich schmeckt – und die damit ihr Leben aufs Spiel setzt. Weshalb reagiert unser Organismus so schlecht auf Salzwasser?

⊘ EINE FRAGE DES GLEICHGEWICHTS

Wenn wir uns normal ernähren, können wir Natriumchlorid ohne Probleme zu uns nehmen, seine beiden Bestandteile (Na und Cl) sind sogar von großer Wichtigkeit für den Körper. Dennoch kann es tödliche Folgen haben, wenn man Meerwasser trinkt. In diesem Fall ist die Konzentration das Problem: Meerwasser enthält 3,5 % Salz (vgl. Seite 69), während unser Organismus sich bemüht, den Salzgehalt des Blutes – das Medium, das den Nährstoffkreislauf ermöglicht – auf 0,9 % zu halten. Dieses Gleichgewicht in unserem Wasser-Elektrolyt-Haushalt – das neben Natrium auch Kalium und Calcium betrifft – muss gesichert sein, um die korrekte Funktionsweise unserer Organe zu gewährleisten. Die einfachste Methode, überschüssiges Salz abzubauen, ist die Ausscheidung von Urin, der in den Nieren produziert wird. Reicht das nicht aus, ändert sich der Mechanismus.

Alle unsere Zellen sind von einer sogenannten *semipermeablen* Membran umgeben, die wie ein Filter arbeitet, insofern sie für manche Moleküle durchlässig ist, andere hingegen auffängt (vgl. Abbildung 1). Zum Beispiel kann Natriumchlorid sie nicht durchdringen, im Gegensatz zu Wasser, das sich ungehindert bewegen kann. Dieses besondere Merkmal spiegelt sich ganz deutlich in der Verteilung der Elemente außerhalb und innerhalb der Zelle, denn ganz allgemein streben zwei verbundene Umgebungen ein Gleichgewicht an: Das intra- und extrazelluläre Wasser-Salz-Verhältnis verändert sich so lange, bis innen und außen dieselbe Konzentration vorliegt. Die Salze sitzen im Inneren der Zelle fest, aber das Wasser kann ungehindert hinaus und hinein. Ein praktisches Beispiel: Tunkt ihr eine Handvoll Rosinen in Wasser, werden die einzelnen Früchte sich mit Flüssigkeit vollsaugen und das eigene Volumen vergrößern. Dasselbe geschieht in unserem Körper: Ist der extrazelluläre Raum im Verhältnis zum intrazellulären arm an Salzen, saugt die Zelle so lange Wasser ein, bis in ihr dieselbe Konzentration vorliegt; wenn sich im Gegenteil außen viel mehr Salz befindet als innen, gibt die Zelle Wasser ab und trocknet ein. Das nennt sich *Osmose*.

Was geschieht also, wenn wir Meerwasser trinken? Die Salzkonzentration in unserem Blut steigt stark an und zieht quasi das Wasser aus den Zellen, während die Nieren auf Hochtouren arbeiten, um das überschüssige Salz herauszufiltern und abzugeben. Leider reicht der maximale Salzgehalt unseres Urins niemals an die Konzentration von Meerwasser heran. Um uns von dem ganzen Salz zu befreien und wieder unser Gleichgewicht zu erreichen, sind wir daher gezwungen, im Urin mehr Wasser zu »verschwenden«, als wir zu uns genommen haben. Das wiederum führt zu *Dehydratation*: Der Mund trocknet aus, man leidet an Durst und Krämpfen und das Blut wird zähflüssiger. Um das auszugleichen und sicherzustellen, dass alle Organe des Körpers mit Sauerstoff versorgt werden, schlägt das Herz schneller, während die Gefäße sich verengen. Nimmt man keine neue Flüssigkeit auf, oder trinkt gar noch mehr Salzwasser, kann der Körper das nicht länger kompensieren und steuert auf ein Nierenversagen zu. Damit einher gehen Übelkeit, Schwäche und Wahnvorstellungen; hält die Dehydratation an, drohen Koma oder sogar Tod. Aber keine Sorge, der

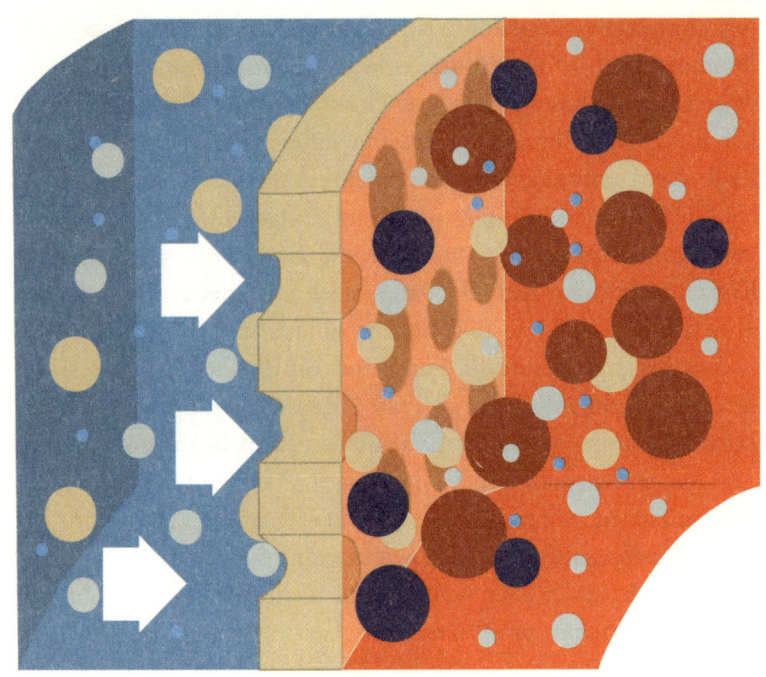

Abbildung 1 – Osmose: Funktionsweise der semipermeablen Zellmembran

gelegentliche Schluck Meerwasser beim Schwimmen kommt vor und richtet keinerlei Schäden an.

⊘ WAS TRINKEN FISCHE?

Tiere, die im Wasser leben, haben dasselbe Problem mit dem homöostatischen Gleichgewicht.

Nehmen wir als Beispiel den Zackenbarsch. Der Salzgehalt seiner Körpersäfte ist geringer als der des ihn umgebenden Meerwassers (*hypertonische Umgebung*), was dazu führt, dass der Fisch aufgrund der Osmose viel Flüssigkeit verliert. Also ist er gezwungen, zum Ausgleich viel Meerwasser zu trinken, wodurch er allerdings riskiert, die Salzkonzentration in seinem Körper zu erhöhen.

Um den Abbau kümmern sich einerseits die Kiemen, andererseits die Nieren, mit kleinen Mengen hochsalzigen Urins.

Andersherum hat das Gewebe von Süßwasserfischen einen höheren Salzgehalt als seine Umgebung (*hypotonische Umgebung*). Da sie auf den Erhalt der Salze angewiesen sind, nehmen Flussfische Wasser passiv über die Haut auf. Sie trinken sehr wenig und decken ihren Salzbedarf über die Kiemen und mit der Nahrung, wobei ihre Nieren große Mengen stark verdünnten Urins produzieren.

Und Meeressäuger? Wale, Orcas und Delfine scheinen nicht regelmäßig Meerwasser zu trinken, sind aber dazu in der Lage, ohne negative Folgen zu erleiden. Weshalb? Die Antwort ist in ihren Nieren zu suchen, die einen viel stärker konzentrierten Urin produzieren als unsere. So können sie Salze viel leichter abbauen, ohne jedes Risiko einer Dehydratation.

KANN MAN GLEICH NACH DEM ESSEN BADEN GEHEN?

Am Strand ermahnen Eltern ihre Kinder oft, nach dem Essen drei Stunden zu warten, bevor sie wieder ins Wasser gehen, da sie andernfalls ertrinken könnten. Handelt es sich dabei um ein Ammenmärchen, oder ist die Gefahr wirklich so groß?

MUSKELN, WASSER UND VERDAUUNG

Es gibt keine Datensätze, mit denen sich diese Weisheit der Mütter erfassen und bestätigen ließe. Man kann allein auf das Wissen über die menschliche Physiologie zurückgreifen – über die sich manche Wissenschaftler übrigens gar nicht einig sind. Es lassen sich zwei Ursachen festhalten, die das Risiko eines Ertrinkens angeblich erhöhen: Die eine hat mit Krämpfen zu tun, die andere mit dem Kreislauf.

Fangen wir vorne an: Während der Verdauung strömen Blut und Sauerstoff vermehrt in Richtung des Magen-Darm-Traktes, wohingegen Gehirn und Extremitäten weniger erhalten als sonst. Geht man in der Zeit ins Wasser, erhöht sich der Energiebedarf seitens der Muskeln – die für ihre Funktion auf Sauerstoff angewiesen sind. Da jedoch das Blut gerade anderweitig verwendet wird, können sie nicht die volle Leistung bringen und wir laufen Gefahr, einen Krampf zu erleiden, was wiederum das Schwimmen stark beeinträchtigt.

Ein anderes Thema ist die Unterbrechung des Verdauungsvorgangs infolge eines Kreislaufkollapses. Geht man ins Wasser, nachdem man sich (mit den nötigen Schutzmaßnahmen) in der Sonne aufgehalten hat, kann das traumatische Auswirkungen haben, weil die Temperatur des Wassers viel niedriger ist als die des

Körpers. Springt man also ausgelassen ins kalte Wasser, ohne den Organismus langsam auf den Temperaturabfall vorzubereiten, kann das den Verdauungsprozess unterbrechen: Der Körper versucht, zur Erhaltung der Körpertemperatur Blut aus den Verdauungsorganen abzuziehen, was den Kreislauf überlastet. Die Folge können Übelkeit und ein viel zu niedriger Blutdruck sein, in manchen Fällen auch Ohnmacht. Zwar liegt das nicht nur an der Nahrung, aber der volle Magen hilft sicher nicht. Um unangenehme Reaktionen zu vermeiden – ob man gerade gegessen hat oder nicht –, ist es daher immer besser, sich vorsichtig ins Wasser zu begeben, indem man nach und nach Beine, Arme, Bauch, Brust und Kopf benetzt.

Wie gesagt scheinen keine eindeutigen wissenschaftlichen Publikationen zu dieser Fragestellung vorzuliegen. Wenn die Weltgesundheitsorganisation von den Risiken des Ertrinkens spricht und auf die 388 000 Menschen verweist, die 2004 weltweit ertrunken sind, erwähnt sie dabei die Verdauung mit keinem Wort. Vielmehr lenkt sie die Aufmerksamkeit auf den Genuss von Alkohol, womit ein großes Risiko verbunden ist, und auf unzureichende Schwimmfertigkeiten. Man müsse verstärkt auf Kinder unter fünf Jahren achten, die auf der ganzen Welt die höchste Sterblichkeitsrate aufweisen.

Um keine Risiken einzugehen, ist es jedenfalls besser, ein wenig Vorsicht walten zu lassen und nicht unmittelbar nach dem Mittagessen ins Wasser zu gehen. Aber: Wie lange braucht eigentlich die Verdauung? Und welche Nahrungsmittel sind schwieriger zu verdauen?

⊜ VERDAUUNG: EIN ZEITPLAN

Verdauung ist der Vorgang, der dem Organismus erlaubt, die benötigten Nährstoffe aufzunehmen. Unser Verdauungsapparat beginnt mit dem Mund und setzt sich über Speiseröhre und Magen bis zum Darmtrakt fort; diese Organe werden unterstützt von

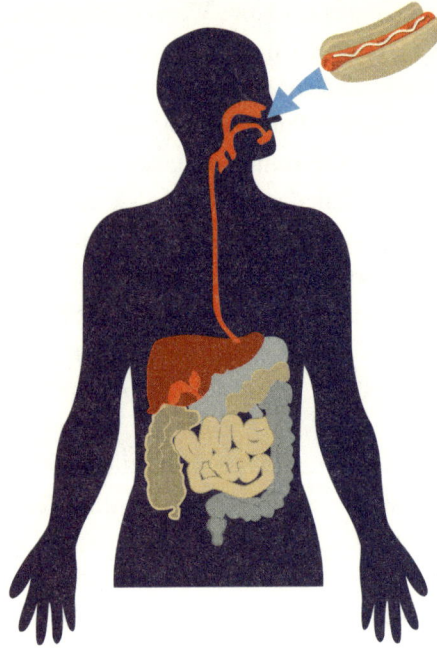

Wie lange bleibt Nahrung im Magen?

Flüssigkeiten

Wasser: Bei leerem Magen gelangt Wasser unverzüglich in den Darmtrakt.
Fruchtsäfte: 15–20 Minuten

Obst

Wassermelone: 20 Minuten
Orangen und Trauben: 30 Minuten
Äpfel: 40 Minuten

Gemüse

Salat/Rohkost: 30–40 Minuten
Gekochtes Gemüse: 45–50 Minuten
Kartoffeln: 60 Minuten

Milchprodukte

Fettarme Milch und Frischkäse: 60 Minuten
Vollmilch und gereifter Käse: 4–5 Stunden

Fleisch

Fisch: 30–60 Minuten
Huhn: 1,5–2 Stunden
Kalb/Lamm: 3–4 Stunden
Schwein: 4,5–5 Stunden

Tabelle 1 – Verdauung von Speisen

Speicheldrüsen, Leber und Bauchspeicheldrüse, die mit ihren Absonderungen zur Verarbeitung der aufgenommenen Nahrung beitragen. Kohlenhydrate, Lipide und Proteine müssen gespalten werden, bevor sie in den Blutkreislauf übergehen können.

Dieser Prozess setzt im Mund ein, wo die Enzyme des Speichels beginnen, die im *Speisebrei* enthaltene Stärke zu zerlegen. Im Magen werden mit Hilfe der Magensäfte hingegen die Proteine gespalten. Hier endet die sogenannte *gastrische Phase*, die im Durchschnitt zwischen zwei und vier Stunden dauert, je nach aufgenommener Nahrung: Kohlenhydrate benötigen am wenigsten Zeit im Magen, gefolgt von Proteinen und schließlich den Fetten (vgl. Tabelle 1).

Als Nächstes wird der *Chymus* (der Speisebrei, der den Magen verlässt) im Dünndarm mit Galle aus der Leber durchsetzt, mit den Sekreten der Bauchspeicheldrüse und mit Darmflüssigkeit. Verbliebene Stärke und andere Kohlenhydrate, Proteinfragmente und Fette werden so weiter verdaut und die Nährstoffe von den Dünndarmzotten absorbiert. An diesem Punkt sind etwa sechs bis acht Stunden seit dem Verzehr der Nahrung vergangen. Schließlich wird im Dickdarm ein Großteil der restlichen Flüssigkeit entzogen und der Stuhl gebildet, der etwa 40 Stunden nach dem Essen über den After ausgeschieden wird.

⊖ WAS ES HEISST ZU ERTRINKEN

Die Angst vor dem Ertrinken gehört zu unseren Urängsten. Jeder hat wohl schon einmal im Wasser um sein Leben gefürchtet oder davon geträumt zu versinken, während die Luft knapp wird. Experten unterscheiden zwischen zwei sehr verschiedene Situationen: der Gefahr zu ertrinken und dem tatsächlichen Ertrinken. Im ersten Fall ist man sich des Notfalls bewusst und versucht, Aufmerksamkeit auf sich zu lenken, um Hilfe zu erhalten. Im zweiten Fall ist man hingegen schon dabei zu ersticken, und unser Körper leitet automatische Reaktionen darauf ein, die Hilferufe unmöglich machen. Ertrinken wird als *passiv* bezeichnet, wenn es aus Umständen wie einem Trauma, einem Unfall oder einer Ohnmacht resultiert. *Aktiv* ist es, wenn man sich nicht länger an der Wasseroberfläche halten kann.

Im Kino oder im Fernsehen sind Ertrinkende üblicherweise recht laut und gut zu sehen. In Wirklichkeit geht es allerdings sehr schnell und leise vonstatten. In den 20 bis 60 Sekunden bevor man ertrinkt, wird eine instinktive Reaktion ausgelöst, die keine Wahl lässt: Der Körper versucht um jeden Preis, die ausbleibende Luft zu bekommen. Man führt seitliche Armbewegungen aus, um den Kopf aus dem Wasser zu drücken, die Beine bewegen sich nicht, und der Kopf ist nach hinten gebeugt, um zu verhindern, dass der Mund untergetaucht wird. Es ist, als wollte man in eine bestimmte Richtung schwimmen, ohne sich dabei fortzubewegen.

Für einen unerfahrenen Beobachter kann es leicht so aussehen, als würde die ertrinkende Person nur spielen.

Was geschieht mit unserem Körper, wenn wir ertrinken? Indem wir versuchen zu atmen, kann Wasser in den Hals gelangen, wodurch die unwillkürliche Kontraktion von Kehlkopf und Stimmbändern hervorgerufen wird (*Laryngospasmus* oder *Stimmritzenkrampf*), die die Atemwege versiegeln soll: Dabei spricht man von *trockenem Ertrinken* durch einfaches Ersticken. Der Sauerstoffmangel (*Hypoxie*) und die Zunahme von Kohlendioxid (*Hyperkapnie*) können jedoch dazu führen, dass der Kehlkopf sich wieder entspannt, etwa nach einer Ohnmacht, und anschließend doch Wasser eingeatmet wird: In diesem Fall führt die Flüssigkeit in der Lunge zu dem, was man *nasses Ertrinken* nennt.

Gelangt Wasser in die Lunge, bringt das verschiedene Probleme mit sich. Handelt es sich um Meerwasser, kommt es aufgrund der Osmose (vgl. Seite 108) zu einer starken Verringerung der flüssigen Bestandteile des Blutes, die stattdessen in die Atmungsorgane abgezogen werden, wodurch ein Lungenödem entsteht: Man ertrinkt kurz gesagt an den eigenen Körpersäften. Bei Süßwasser wird stattdessen das Blut stark verdünnt, wodurch die roten Blutkörperchen zerstört werden und die Chemie des Kreislaufs aus dem Gleichgewicht gerät: Das führt zu unkoordinierten Kontraktionen und Herzstillstand. Sauerstoffmangel über einen längeren Zeitraum hinweg kann außerdem Folgen für die empfindliche Balance des Gehirns mit sich bringen und medizinische Traumata und anschließenden Hirntod verursachen.

Wieso verschrumpeln Finger im Wasser?

Jeder von uns hat das nach einer schönen Runde Schwimmen im Meer oder aber nach einem heißen Bad schon erlebt: Finger und Zehen sind schrumpelig geworden. Das ist ein Rätsel, das im Laufe der Jahre die Neugierde vieler Wissenschaftler geweckt und zu unterschiedlichen Hypothesen geführt hat, wieso das wohl geschieht.

Die am weitesten verbreitete Erklärung argumentiert mit der Struktur unserer Haut. Diese setzt sich aus mehreren Schichten zusammen, die alle unterschiedliche Eigenschaften aufweisen (vgl. Seite 120): In der Tiefe liegt die Subkutis, die Fett, Bindegewebe und große Blutgefäße enthält. Unmittelbar darüber befindet sich die Dermis, in der Nerven, Kapillargefäße, Haarwurzeln und Schweißdrüsen angesiedelt sind. Schließlich gibt es noch die Epidermis, die reich an Nervenenden ist und mit ihren fünf Schichten sowohl die Verdunstung der Feuchtigkeit verhindert, als auch Schutz für die Dermis bietet. Die oberste dieser Schichten ist das *Stratum corneum*, die Hornschicht. Es besteht aus abgestorbenen Zellen, die das Protein Keratin enthalten, den Hauptbestandteil von Nägeln und Haaren.

Eine verbreitete Hypothese besagt, dass die Hornschicht Wassermoleküle aufnimmt, wenn wir uns lange im Wasser aufhalten, wodurch ihr Volumen zunimmt. Aufgrund der Verbindungspunkte zur darunterliegenden Schicht bläht sich die Haut an diesen Stellen weniger auf, wodurch unweigerlich Runzeln entstehen. Wieso geschieht das nur an Händen und Füßen? Weil bei diesen das Stratum corneum am stärksten ausgeprägt ist.

Liest man jedoch einen Artikel, der 1935 in »Clinical Science« veröffentlicht wurde, wird man ein wenig stutzig. Zwei Wissenschaftler beschreiben darin einen jungen Mann, der an einem Arm Nervenschäden aufwies: Tauchte er seine Hand längere Zeit unter Wasser, waren einige Finger schrumpelig, andere jedoch nicht. Daraus erwuchs der Zweifel, dass dieser Mechanismus womöglich doch eher neurale als strukturelle Ursachen haben könnte. 1977 griffen zwei Ärzte des University College Hospital diese Idee wieder auf und schrieben einen Artikel für das »British Medical Journal«. Sie schlagen darin vor, das Verschrumpeln als Test für Erkrankungen des autonomen Nervensystems zu verwenden. Seither gibt es dafür weitere Belege.

Was haben aber Neuronen damit zu tun? Die Grundidee besagt, dass die Finger schrumpelig werden, weil die Gefäße und Kapillaren der Dermis sich zusammenziehen (diesen Prozess nennt man *Vasokonstriktion*, Gefäßverengung). Verliert die Dermis an Volumen, entstehen in der darüberliegenden Epidermis Furchen. Der Befehl zur Konstriktion wird demnach unwillkürlich von den Nervenenden gegeben, wenn sie mit dem aufgesogenen Wasser in Kontakt kommen.

Einige Wissenschaftler gehen sogar so weit, dem eine evolutionäre Bedeutung zuzuschreiben. 2013 haben Forscher aus Newcastle in »Biology Letters« die Hypothese aufgestellt, dass Hände und Füße verschrumpeln, um im Wasser einen besseren Halt auf Oberflächen zu gewähren. Um das zu belegen, führten sie verschiedene Experimente zur Fingerfertigkeit unter Wasser und außerhalb des Wassers durch, mit trockenen oder bereits runzeligen Händen. Das Ergebnis? Schrumpelige Finger erleichtern tatsächlich das Hantieren mit Gegenständen unter Wasser (aber nicht außerhalb). Ist es plausibel, dass sich im Laufe der Evolution dieses Merkmal durchgesetzt hat, weil es das Überleben erleichtert? Das wird schwer zu beweisen sein.

ALLES, WAS MAN ÜBER BRÄUNUNG WISSEN MUSS

Ein Kampf gegen die Sonnenstrahlen. Wir können es uns schönreden so viel wir wollen, aber Bräunung ist und bleibt die Strategie unserer Haut, um sich gegen die Angriffe der solaren Strahlung zur Wehr zu setzen – mit Hilfe eines Moleküls namens *Melanin*.

☀ MELANIN, MEIN GUTER FREUND

Dass unsere Haut braun werden kann, verdankt sie einer ganz bestimmten Zelle aus der tiefsten Schicht der Epidermis, dem sogenannten *Stratum basale* (auch Basalzellschicht, vgl. Abbildung 2).

Diese Zelle heißt *Melanozyt,* und ihre Haupttätigkeit besteht darin, Melanin herzustellen: Bei diesem Protein handelt es sich um ein natürliches Pigment, das nicht nur für die Färbung unserer Haut, sondern auch für die Farbe unserer Iris und unserer Haare verantwortlich ist. Wenn es von ultravioletten Strahlen getroffen wird, saugt es außerdem deren Energie auf. Daher fungiert es als eine Art natürlicher Schutzschirm, den jeder von uns hat: Je dunkler man vom Typ her ist, desto besser widersteht man der Sonne (bezüglich der verschiedenen Hauttypen vgl. Seite 120).

Dieser Schutz kann dennoch die Sonnencreme nicht ersetzen. Halten wir uns in der Sonne auf, reagiert unsere Haut auf zweierlei Weise: Die UVA-Strahlung (die am wenigsten gefährliche, vgl. Seite 77) trifft auf das bereits in der Haut vorhandene Melanin und lässt es oxidieren, wodurch es sich in kurzer Zeit verdunkelt: Diese Wirkung kann mit dem bloßen Auge festgestellt werden, gewährt aber keinen zusätzlichen Schutz vor der Sonne.

Treffen jedoch UVB-Strahlen auf die Melanozyten, werden diese zu einer verstärkten Melaninproduktion angeregt (man geht

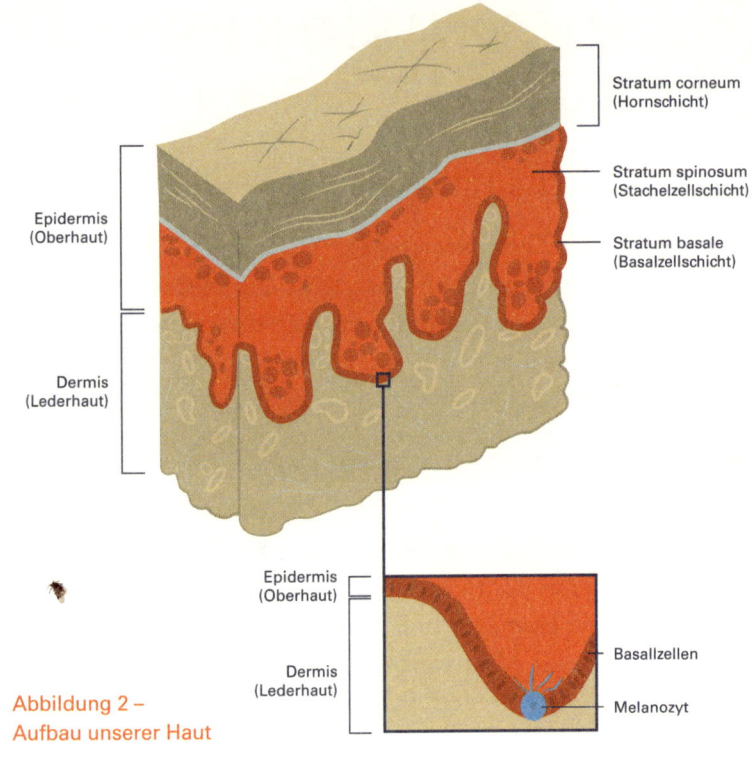

Stratum corneum
(Hornschicht)

Stratum spinosum
(Stachelzellschicht)

Stratum basale
(Basalzellschicht)

Epidermis
(Oberhaut)

Dermis
(Lederhaut)

Epidermis
(Oberhaut)

Dermis
(Lederhaut)

Basallzellen

Melanozyt

Abbildung 2 –
Aufbau unserer Haut

davon aus, dass das eine Reaktion auf den verursachten genetischen Schaden darstellt): Das ist ein langsamerer Prozess, der erst nach ein paar Tagen Früchte trägt und unsere natürliche Verteidigung gegen Sonnenstrahlen verstärkt.

☀ KUNTERBUNTE HAUT

Jeder von uns hat eine individuelle Farbe: Der eine hat einen olivfarbenen Teint, der andere ist weiß wie Schnee, manche Leute holen sich schnell einen Sonnenbrand, andere hingegen halten mehr Sonne aus. All diese Unterschiede sind auf den Melaningehalt der Epidermis zurückzuführen, denn jeder von uns hat zwar eine konstante Anzahl an Melanozyten – es können über 2000 je Quadratmillimeter Haut sein –, diese jedoch können jeweils unterschiedlich viel Melanin produzieren.

Genauer betrachtet gibt es zwei Arten von Melanin: das dunkle (*Eumelanin*) und das rötliche (*Phäomelanin*). Bei braunhaarigen Personen überwiegt die erste Variante, bei Rothaarigen die zweite. Und bei blonden Menschen? In ihrem Fall liegt eine Mischung aus beiden vor. Basierend auf den unterschiedlichen Hauttypen lässt sich eine Übersicht erstellen, die für jeden von uns das Sonnenbrandrisiko erkennbar macht. Diese Skala wurde 1975 von Thomas Fitzpatrick entwickelt, einem Dermatologen der Harvard University. Im Folgenden sind die jeweiligen Definitionen für jeden Hauttyp aufgelistet.

- *Hauttyp 1*

  Sehr helle Hautfarbe, Sommersprossen, blondes oder rotes Haar, helle Augen. Dieser Hauttyp ist äußerst empfindlich und wird fast nie braun, sondern erleidet sofort Verbrennungen in der Sonne. Aus diesem Grund muss direkte Sonneneinwirkung vermieden und Sonnencreme mit sehr hohem Lichtschutzfaktor verwendet werden.

- *Hauttyp 2*

  Auch in diesem Fall sind Augen und Haut sehr hell, oftmals mit Sommersprossen. Blondes oder hellbraunes Haar. Man erleidet schnell Sonnenbrand und wird selten braun. Es ist äußerst ratsam, starke Schutzcremes zu verwenden und sich der Sonne nur mit Vorsicht auszusetzen.

- *Hauttyp 3*

  Typische Merkmale sind braune Haare, helle oder braune Augen sowie eine bräunlich helle Hautfarbe. Eine Person dieses Typs erleidet zwar Sonnenbrand, wird aber leicht braun. Ein mittlerer bis hoher Lichtschutzfaktor ist empfehlenswert.

- *Hauttyp 4*
  Entspricht dunkelbraunem oder schwarzem Haar und dunklen Augen, mit bräunlicher bis olivfarbener Haut. Sonnenbrand ist selten, die Haut wird sehr schnell braun, dennoch ist mittlerer bis hoher Schutz nicht verkehrt.

- *Hauttyp 5*
  Schwarze Haare und dunkle Augen sind ebenso typisch wie eine dunkelolivfarbene Haut. Sehr starke Bräunung, daher ist mittlerer Sonnenschutz angebracht.

- *Hauttyp 6*
  Auch hier sind Haare und Augen sehr dunkel mit schwarzer Hautfarbe. Es ist sehr schwierig, Sonnenbrand zu bekommen, und ein mittlerer Lichtschutzfaktor reicht aus.

☼ WAS BEDEUTET »SONNENBRAND«?

Wenn wir einen Sonnenbrand bekommen, heißt das, dass wir nicht genug Sonnencreme verwendet haben und dass das Melanin in unserer Haut nicht in der Lage gewesen ist, alle ultravioletten Strahlen aufzunehmen, die wir abbekommen haben. Kurz gesagt handelt es sich dabei um eine der Möglichkeiten, wie unsere Haut auf Schäden an der DNS in den Zellen reagiert.

Manchmal können diese genetischen Schäden (*Mutationen*) repariert werden, in anderen Fällen stirbt die Zelle oder mutiert zu einer Krebszelle. Der Sonnenbrand ist gewissermaßen der »Alarmruf« der Zellen: Zwei Stunden nach der Sonneneinwirkung können Rötung (*Erythem*), Schwellung (*Ödem*) und Blasen auftreten. Der Schmerz wird zwischen sechs und 48 Stunden nach der Verbrennung am stärksten, kann jedoch bis zu 72 Stunden anhalten. Je nach Intensität und Ausdehnung der Verbrennung kann es auch zu Übelkeit, Fieber, Schüttelfrost und Kopfschmerzen kommen. In solchen Fällen sollte ein Arzt aufgesucht werden.

Sobald der Sonnenbrand einmal eingetreten ist, können wir

nicht viel ausrichten, außer abzuwarten und die Symptome zu bekämpfen. Eine kalte Dusche kann Linderung verschaffen, ohne jedoch Seife auf den gereizten Bereich gelangen zu lassen, kalte Umschläge oder – sofern sich keine Blasen gebildet haben – feuchtigkeitsspendende Cremes. Unter ärztlicher Aufsicht können in manchen Fällen auch Schmerzmittel eingenommen werden. Auf der Rötung sollte jedwede Reibung vermieden werden, weshalb bequeme und weite Kleidung ratsam ist. Weitere Sonneneinwirkung ist zu vermeiden.

Nach ein paar Tagen beginnt die Haut sich zu schälen: Die abgestorbenen Zellen werden durch frische ersetzt. Das ist ein natürlicher Erneuerungsprozess, zu dem man wenig beitragen kann. Dennoch ist es besser, die Hautfetzen nicht abzureißen, um die sich darunter bildenden Zellen nicht zu früh abzudecken. Sie fallen mit der Zeit von alleine ab.

☀ HAUTTUMOREN

Unsere Haut ist ein ganz normales Organ und erfüllt als solches verschiedene Aufgaben. Sie bedeckt beispielsweise unseren ganzen Körper, schützt uns vor Umwelteinflüssen, regelt die Temperatur, verhindert die Verdunstung von Flüssigkeiten und ermöglicht den Tastsinn. Gerade darum sollte man sich gut um sie kümmern, insbesondere in Zusammenhang mit der Sonne. Ultraviolette Strahlen können bis in ihre tiefen Schichten vordringen und lassen sie nicht nur vorzeitig altern, sondern können auch die DNS beschädigen und die Entwicklung bösartiger Tumoren auslösen.

Im Folgenden die häufigsten Hauttumoren, die von der Sonne verursacht werden können:

- *Melanom*
  Das ist der bekannteste und auch gefährlichste Tumor. Wie man aus dem Namen ableiten kann, befällt er die Melanozyten, die Zellen, die für die Herstellung von Melanin zuständig sind.

Dabei kann er sowohl die Haut als Ganzes wie auch einen einzelnen melanozytären Nävus (umgangssprachlich Leberfleck bzw. Muttermal) befallen. Dunkle Leberflecken sind nämlich nichts anderes als eine Anhäufung von Melanozyten. Wer viele solche Leberflecke aufweist, hat einen höheren Risikofaktor, an Hautkrebs zu erkranken, und muss sich daher regelmäßigen Untersuchungen unterziehen, um die langfristige Entwicklung der Nävi zu überwachen. Woran lässt sich erkennen, ob ein Leberfleck sich langsam in ein Melanom verwandelt? Man kann einfach die *ABCDE-Regel* anwenden: Wenn der Leberfleck asymmetrisch (A) ist, unregelmäßige oder unscharfe Begrenzungen (B) aufweist, verschiedene Farben (C) hat, einen Durchmesser (D) von mehr als fünf Millimetern besitzt oder mit der Zeit eine gewisse Entwicklung (E) durchmacht, sollte man ihn unbedingt von einem Arzt untersuchen lassen. Gefährdet sind jedoch nicht nur Personen mit vielen Leberflecken, vielmehr müssen auch Angehörige der Hauttypen 1 und 2 sehr vorsichtig sein, die eine helle Hautfarbe, helle Haare und Augen haben. Gibt es in der Familie bereits Fälle von Melanomerkrankungen, ist das Risiko zusätzlich erhöht. Wer in der Kindheit oder als Jugendlicher Sonnenbrände erlitten hat, sollte seine Haut ebenfalls aufmerksam beobachten – man sollte also besonders bei Kindern auf Sonnenschutz achten. Der größte Risikofaktor ist und bleibt jedoch die übermäßige und ständige Sonneneinwirkung. Weshalb so viele Bedenken? Ganz einfach: Vor wenigen Jahren galt das Melanom noch als seltener Tumor, doch im Lauf der letzten beiden Jahrzehnte ist seine Inzidenz jährlich um mehr als 4 % gestiegen – und die Folgen eines unbehandelten Melanoms können tödlich sein. In den Anfangsstadien reicht es, den Tumor chirurgisch zu entfernen, in den weiter fortgeschrittenen können Krebszellen jedoch in den Blutkreislauf oder in das Lymphsystem gelangen und Sekundärtumoren verursachen (*Metastasierung*).

- *Basaliom*

  Basalzellenkarzinome sind die am weitesten verbreiteten Hauttumoren und betreffen die Basalzellen der gleichnamigen epidermalen Schicht – der tiefsten. Sie erreichen nur selten ein Metastasenstadium, aber sie zerstören das umgebende Gewebe und können somit entstellend wirken. In rund 80 % der Fälle befallen sie die Kopf- und Halsregionen, gefolgt von Oberkörper (15 %) und Armen und Beinen. Basaliome sehen aus wie kleine perlartige Knötchen oder rosafarbene Flecken, die langsam größer werden. In manchen Fällen sind sie pigmentiert und können daher mit Melanomen verwechselt werden. Die übliche Behandlung sieht die chirurgische Entfernung vor. Auch bei den Basalzellentumoren stellen Sonneneinwirkung und Hauttyp (1–2) die größten Risikofaktoren dar.

- *Plattenepitheltumor*

  Diese Art Karzinom, auch spinozelluläres Karzinom oder Stachelzellkrebs genannt, bildet sich aus den Zellen der äußersten lebenden Schicht der Epidermis, dem Stratum spinosum. Der Tumor sieht aus wie ein Knötchen oder eine geschwürartige Auswölbung mit eingesunkener Mitte und blutet häufig. Nach dem Basaliom ist er der am häufigsten auftretende Hauttumor. Das Plattenepithelkarzinom kann am gesamten Körper entstehen, tritt aber meistens an der Unterlippe, den Ohrmuscheln, der Kopfhaut, der Nase, auf der Oberseite der Hände oder den Genitalien auf. Es wird chirurgisch entfernt, weil es andernfalls metastasieren kann, in der Regel ist der Krankheitsverlauf jedoch nicht tödlich. Der Tumor entwickelt sich mit höherer Wahrscheinlichkeit auf beschädigter oder beanspruchter Haut, beispielsweise durch vorherige Verbrennungen oder Narben. Auch in diesem Fall löst die Sonneneinwirkung die Erkrankung aus. Helle Hauttypen sind stärker gefährdet. Hauptsächlich befällt dieser Tumor Personen über vierzig.

☀ TIPPS FÜR DIE PERFEKTE BRÄUNUNG

Ganz unabhängig von Geschlecht und Alter: Jeder möchte sonnengebräunte Haut haben. Diese Bräune kann jedoch gefährlich werden – gerade für die Jüngeren –, daher sollte man so wenig Zeit wie möglich in der Sonne verbringen. Hier sind einige Tipps, um in dieser kurzen Zeit die größtmögliche Wirkung für unseren Teint zu erzielen.

- *Die Haut vorher und hinterher pflegen*
Eine gesunde Epidermis ist die beste Voraussetzung, um etwas Farbe zu bekommen und zu erhalten. An den Tagen unmittelbar vor dem Sonnenbad sollte man die Haut einem Peeling unterziehen, um die abgestorbenen Zellen zu entfernen, und regelmäßig Feuchtigkeitscremes auftragen. Nach dem Sonnen sollte man hingegen auf aggressive Seifen verzichten, die Hautreizungen verursachen könnten – Öle sind stattdessen ideal geeignet –, und die Haut mit Feuchtigkeit versorgen.

- *Für die Sonne essen*
Manche Dermatologen sind der Meinung, dass eine bestimmte Ernährung die Bräunung unterstützen kann. Der wichtigste Bestandteil, der ebenso natürlich wie nützlich ist, heißt *Betacarotin*. Das ist eine Vorstufe von Vitamin A, welches wiederum die Melaninproduktion anregt: Es ist in gelben und orangefarbenen Früchten und Gemüsesorten enthalten (wie Möhren, Aprikosen, Mispeln, Pfirsichen und Honigmelonen).

- *Schützen, schützen, schützen*
Um der Haut nicht zu schaden, sollte man sich der Sonne möglichst nicht zu ihrer stärksten Zeit aussetzen (zwischen 10 und 16 Uhr) und stets Sonnenschutz verwenden. Dunklere Hauttypen können zunächst mit einem starken Lichtschutzfaktor beginnen und ihn dann kontinuierlich bis zu einem Wert von 15 verringern.

Sind Melanin und Melatonin dasselbe?

Wie wir gesehen haben, ist das Molekül *Melanin* zuständig für unsere Hautfarbe und wird in der Epidermis von bestimmten Zellen gebildet, den *Melanozyten*. *Melatonin* ist hingegen ein Hormon, das von der *Zirbeldrüse* (oder *Epiphyse*) hergestellt wird, einer etwa haselnussgroßen Drüse im Zentrum des Gehirns. Weshalb sich ihre Namen so ähneln? Etymologisch gehen beide Wörter auf das griechische Wort μέλας (melas) zurück, »schwarz«. Melanin ist ein dunkles Pigment, also ist die Verbindung leicht herzustellen; bei Melatonin muss man jedoch ein wenig auf die Physiologie zurückgreifen. Die Zirbeldrüse produziert dieses Hormon nämlich nur nachts, wenn kein Licht auf die Netzhaut fällt (sie also »schwarz« bleibt), was wiederum die Funktion der Zirbeldrüse hemmen würde. Melatonin nimmt im Körper verschiedene Aufgaben wahr, und eine davon ist die Regulierung des Schlafs und des Schlaf-Wach-Rhythmus, der auch *Circadianer Rhythmus* genannt wird. Das Hormon erhöht die Schläfrigkeit und senkt die Körpertemperatur, um unseren Körper auf den Schlaf vorzubereiten. Da es den Zeitpunkt früher herbeiführen kann, an dem wir müde werden, wird Melatonin häufig als Gegenmittel zum Jetlag empfohlen.

Das Sonnenvitamin

Es heißt *Vitamin D* und ist für die Gesundheit unserer Knochen wesentlich. Dank ihm sind wir nämlich in der Lage, zwei Elemente aufzunehmen, die der Verstärkung des Knochengewebes dienen und über die Nahrung zugeführt werden: Phosphor und Calcium. Ohne Vitamin D (genauer gesagt, Vitamin D_3 oder Cholecalciferol) können die Knochen weich werden und sich verformen. Bei Kindern kann ein Vitamin-D-Mangel beispielsweise zu Rachitis führen. Wenngleich wir es über bestimmte Nahrungsmittel aufnehmen können, wie Lachs, Sardine und Makrele oder Butter, Fleisch und Eier, erhalten wir es doch hauptsächlich über das Sonnenlicht, das auf unsere Haut trifft. Ultraviolette Strahlung ist nämlich in der Lage, in den tieferen Schichten der Epidermis die Umwandlung von 7-Dehydrocholesterol in Vitamin D_3 auszulösen. Wie viel Sonneneinwirkung ist nötig, um eine ausreichende Versorgung mit Vitamin D zu gewährleisten? Experten zufolge sollte es genügen, sich zwei- bis dreimal pro Woche für etwa 10 bis 15 Minuten die Sonne direkt auf das Gesicht, die Arme, Schultern oder Beine scheinen zu lassen. Selbstverständlich muss man stets auf ausreichenden Schutz achten, insbesondere bei hellen Hauttypen. Verschiedene Studien haben in den letzten Jahren herauszufinden versucht, wie stark Sonnencremes die Produktion dieses grundlegenden Vitamins beeinträchtigen können. Auch wenn die Ergebnisse insgesamt recht gegensätzlich ausgefallen sind, scheint eine gewisse Verringerung vorzuliegen, die jedoch vernachlässigt werden kann.

BEWOHNER DER MEERE

Wie viele Meere gibt es? Viele, sagt die Wissenschaft: Die Ozeane sind ein Mosaik unterschiedlichster Lebensräume, die je nach Licht, Druck, Temperatur und vielen weiteren Faktoren variieren.

Wie soll man unter diesen Umständen eine Einteilung der maritimen Lebewesen vornehmen? Forscher haben sich um eine praktische Lösung des Problems bemüht: Einerseits gibt es *pelagische Organismen*, die hauptsächlich freischwebend im Meer leben, andererseits *benthische Organismen*, die in engem Kontakt zum Meeresboden existieren.

Pelagische Organismen können ihrerseits noch einmal in zwei Kategorien unterteilt werden: in *Plankton*, das sich wenig bewegt und Wellen und Strömungen ausgesetzt ist, und *Nekton*, das hingegen aktiv schwimmt.

● DEN STRÖMUNGEN AUSGELIEFERT: PLANKTON

Das Wort *Plankton* ist abgeleitet vom griechischen πλαγκτόν (plankton), »das Umherirrende«, und unterstreicht die passive Haltung gegenüber den Bewegungen des Meeres. Zu dieser künstlichen Kategorie gehört eine endlose Vielfalt unterschiedlicher Arten, von mikroskopischen Organismen wie einzelligen Algen über Krebstiere wie Krill bis hin zu Riesenquallen.

Eine besondere Rolle für das maritime Ökosystem spielt das sogenannte *Phytoplankton*, das Organismen umfasst, die zur Photosynthese fähig sind: Sie fangen das Sonnenlicht in den oberen Schichten des Meeres auf. Mit seiner Hilfe bauen sie Kohlendioxid ab und stellen Sauerstoff her. Schätzungen mancher Wissenschaftler zufolge verdanken wir bis zu 50 % des Sauerstoffs in der Atmosphäre unseres Planeten dieser Masse von winzigen und praktisch unsichtbaren Gesellen.

Die wichtigsten Untergattungen des Phytoplanktons sind die *Dinoflagellaten* (oder Panzergeißler) und die *Diatomeen* (oder Kieselalgen): Bei Letzteren handelt es sich um äußerst faszinierende Algen, von denen es Tausende verschiedene Arten gibt. Diese einzelligen Organismen besitzen einen zerklüfteten Mantel aus Siliziumoxid (dem Anhydrid der Kieselsäure), der sie unter dem Mikroskop wie winzige Geschenkschachteln erscheinen lässt. Dinoflagellaten sind ebenfalls Einzeller, sie verfügen jedoch über eine Hülle aus Zellulose und zwei Flagellen (oder Geißeln), die ihnen rudimentäre Bewegungen ermöglichen.

Es gibt noch andere Organismen, deren Dasein ganz der Gnade der Wellen ausgeliefert ist, die sich jedoch ihr Überleben nur durch den Verzehr von ihresgleichen sichern können: Es handelt sich um das *Zooplankton*, das rein zahlenmäßig etwa 10 % des Phytoplanktons ausmacht, aber eine große Rolle in der Ernährung von Tieren wie dem Wal spielt. Statt ihre Beute zu jagen, filtern diese Säugetiere nämlich das Meerwasser und verschlingen dabei das mikroskopische Zooplankton; darunter befindet sich beispielsweise Krill, eine garnelenförmige Krebsart von ein bis zwei Zentimetern Länge, die in eisigen Gewässern lebt und sich von Kieselalgen ernährt.

Die ganze Bandbreite der Vielfalt des Zooplanktons wird noch offensichtlicher, wenn man sich den Quallen zuwendet (vgl. Seite 92): Manche Arten kommen nicht einmal auf einen vollen Millimeter, während die größten Durchmesser von bis zu zwei Metern erreichen können.

● NEKTON UND DIE SCHWIMMER DES MEERES

Sie sind die Könige und Königinnen der Ozeane. Alles, was wir als maritimes Leben anerkennen, gehört in diese große Kategorie: das *Nekton*, das alle Organismen umfasst, die schwimmen und sich den Bewegungen von Strömungen und Wellen widersetzen können. Zahlreiche Arten dieser großen Familie haben sich auf ganz ähnliche Weise dem Leben im Meer angepasst. Zum einen ähnelt ihr Körperbau im Allgemeinen einer Spindel oder einem Torpedo, um durch seine Stromlinienform den Widerstand des Wassers zu verringern; andererseits verfügen sie über ruderförmige Organe, wie Flossen oder Tentakel, die der Fortbewegung dienen.

Außerdem weist die Oberseite des Körpers aus Gründen der Tarnung oft eine andere Färbung als die Unterseite auf: Der Rücken ist dunkel, um sich nicht vom Meeresboden bzw. der Dunkelheit des tieferen Wassers abzuheben, während der Bauch hell ist, um von unten betrachtet mit der leuchtenden Wasseroberfläche zu verschmelzen.

Zu den großen nektischen Familien gehören selbstverständlich auch *Weichtiere* (oder Mollusken) wie die Kopffüßer, die etwa Sepien, Kalmare, Kraken und den Nautilus einschließen. Diese Wirbellosen – auch Invertebrata; Organismen, die keine Wirbelsäule besitzen – haben einen weichen Kopf, der von einem aus zahlreichen Tentakeln bestehenden Fuß umgeben ist.

Arten wie der Nautilus verfügen über eine Schale (vgl. Seite 101), während manche, wie die Sepien, nur noch eine vage Erinnerung daran in sich tragen (den *Schulp*, was gemeinhin als *Sepiaschale* bezeichnet wird) und wieder andere sie ganz zurückgebildet haben.

Krebstiere (Langusten, Hummer und Krabben) stellen innerhalb des Nektons eine weitere Kategorie wirbelloser Arten dar, deren wichtigstes Merkmal das Exoskelett ist: ein Panzer aus Chitin (demselben Material, aus dem auch unsere Nägel sind).

Im Unterschied zu Muscheln besteht diese Schale aus verschiedenen Platten, die es dem Tier ermöglichen, mit Hilfe von unmittelbar am Panzer befestigten Muskeln die einzelnen Glieder zu bewegen.

Schließlich kommen wir zu den bekanntesten Meeresbewohnern: den Fischen. Ihre Hauptmerkmale sind Kiemen, für die Atmung (vgl. Seite 135), und Flossen, für die schwimmende Fortbewegung.

Wie viele Fische gibt es im Meer? Schätzungen zufolge existieren mehr verschiedene Fischarten und einzelne Exemplare dieser Spezies als es Arten und Angehörige aller anderen Wirbeltiere zusammen gibt. Überlegt einmal, wie groß die Vielfalt ist: Einige sind 10 Millimeter lang, andere mehr als 20 Meter, wieder andere wiegen ein Zehntel Gramm oder über 15 Tonnen.

Dank spezieller Anpassungen (wie beispielsweise der Schwimmblase, die das Schweben im Wasser steuert) haben sie alle maritimen Lebensräume erobert, von den oberflächlichsten Wasserschichten bis zu den finstersten Tiefen. Sie unterteilen sich in zwei wesentliche Kategorien: Knorpelfische und Knochenfische.

Zu ersterer, den sogenannten *Chondrichthyes*, gehören Haie und Rochen, von denen es jeweils 350 bzw. 300 verschiedene Arten gibt. Ihr Hauptmerkmal? Ihr Skelett besteht aus einem elastischen Gewebe namens *Knorpel*, demselben, das auch unsere Gelenke bedeckt.

Die andere Kategorie mit mehr als 27 000 Arten besteht hingegen aus den sogenannten *Osteichthyes*, Fischen, die über ein knöchernes Skelett verfügen. Verglichen mit Haien und Rochen zeichnen sich diese durch eine stärkere Symmetrie auf der horizontalen Ebene aus und dadurch, dass ihr Mund sich am Körperende befindet statt an der Körperunterseite; außerdem kommen Knochenfische sowohl in Salzwasser als auch in Süßwasser vor.

Eine letzte wichtige Gruppe von Meeresbewohnern (lässt man einmal Reptilien und Vögel außen vor) stellen schließlich die *Säugetiere* dar.

Ja, auch die Klasse der warmblütigen Tiere, zu der die Menschen gehören, ist vertreten. Es gibt drei verschiedene Gruppen: *Wale* (Cetacea, Delfine und Wale), *Robben* (Pinnipedia, wörtlich »Flossenfüßer«, Seehunde und Seelöwen) und *Seekühe* (Sirenia, Rundschwanzseekühe und Gabelschwanzseekühe, bzw. Manatis und Dugongs). Im Vergleich zu uns haben sie einige Anpassungen an das Leben im Meer entwickeln müssen, nicht nur, was die Atmung betrifft (vgl. Seite 135), sondern auch für das Überleben in einem kalten und stark salzhaltigen Lebensraum.

Zur Vermeidung der Dehydratation nehmen sie im Einzelnen beispielsweise Wasser über die Nahrung auf und trinken nur wenig Meerwasser; sie scheiden Urin mit einer sehr hohen Salzkonzentration aus (vgl. Seite 110) und verfügen über einen schnellen Stoffwechsel, um für Körperwärme zu sorgen, die wiederum von verschiedenen Fettschichten und in manchen Fällen von einem dichten Fell geschützt wird.

Durch die schiere Größe einiger Arten steht im Verhältnis zur Gesamtmasse des Körpers weniger Oberfläche in direktem Kontakt mit der Umwelt, weshalb weniger Wärme über die Haut verloren geht.

Der schlechte Ruf der Haie

2012 wurden weltweit 80 Personen von Haien angegriffen, davon nur sieben getötet – dem International Shark Attack File zufolge, der globalen Datenbank für Angriffe dieser furchteinflößenden Fische. Der Großteil dieser Angriffe ereignete sich in Florida (26 Fälle, keine Todesopfer), gefolgt von Australien (14 Fälle, zwei Todesopfer). Im Mittelmeer beispielsweise wurden von 1847 bis 2012 36 Angriffe verzeichnet, davon 18 mit tödlichem Ausgang. Das Land mit der höchsten Zahl an Attacken in Europa ist Italien. Von den elf dort gemeldeten Fällen endeten drei mit dem Tod des Opfers, der letzte ereignete sich 1989 in Piombino, südlich von Livorno. Es mag sich hierbei um kalte Statistik handeln, aber diese Zahlen können dabei helfen, die Furcht vor Haien ins rechte Licht zu rücken. Die Wetter- und Ozeanographiebehörde der Vereinigten Staaten NOAA (National Oceanic and Atmospheric Administration) sagt beispielsweise auf ihrer Website ganz deutlich, dass es wahrscheinlicher ist, von der Lichterkette des Weihnachtsbaumes einen tödlichen Stromschlag zu erhalten, als von einem Hai umgebracht zu werden. Haie machen nämlich keine Jagd auf Menschen, und wenn sie doch einmal angreifen, dann ist es schlicht ein Versehen: Sie halten die Person für ein Beutetier, wie beispielsweise einen Seehund, einen Fisch oder eine Schildkröte, und sobald ihnen auffällt, dass es sich um etwas ganz anderes handelt, lassen sie in der Regel davon ab.

Die Tinte im Tintenfisch

Schwarzer Risotto mit Sepia ist eine Köstlichkeit, deren dunkle Färbung von den darin verarbeiteten Tintenfischen herrührt. Aber habt ihr euch schon einmal gefragt, woraus diese berühmte »Tinte« besteht? Hauptsächlich handelt es sich dabei um Schleim, der sie dickflüssig macht, und um Melanin, das für die Farbe sorgt: Kurz gesagt handelt es sich um die Flüssigkeit, die Tintenfische verwenden, um Raubtieren zu entkommen. Verschiedene Kopffüßer können sie herstellen und in einem Beutel in der Nähe der Kiemen aufbewahren. Bei Gefahr geben sie einen kräftigen Tintenstoß ins Wasser ab.

Einige Arten verwirren so den Gegner und verbergen ihren fluchtartigen Rückzug, andere verlassen sich auf eine subtilere Strategie und stoßen lieber mehrere kleine Mengen Tinte mit einem höheren Schleimanteil aus, damit die entstehende Wolke kompakter bleibt. So bilden sich mehrere Gebilde im Wasser, die mehr oder weniger dem Tier gleichen, und der Angreifer stürzt sich mit höherer Wahrscheinlichkeit auf eine »Kopie«, während der Kopffüßer sich in Sicherheit bringt. Wenn ihr also das nächste Mal ein Gericht vor euch habt, das mit Tintenfischen geschwärzt wurde, denkt ihr besser nicht darüber nach, was ihr da esst.

Echoortung

Einige Walfische, wie Delfine, Pottwale und Orcas, können ihre Beute mit geschlossenen Augen ausmachen. Hierfür greifen sie auf das biologische Äquivalent zum Sonar zurück (vgl. Seite 48): Diese Tiere senden aus dem Nasalbereich eine Serie von Tönen aus, *Klicks* genannt, und warten auf die Rückkehr des Echos von einem Hindernis oder einem Beutetier. Die zurückgeworfenen Schallwellen werden in der Kiefergegend als Schwingungen wahrgenommen und ihrerseits über Fettgewebe an das Innenohr übermittelt. Im Gehirn wird schließlich die Bedeutung entschlüsselt. Dank dieser »Klangkarte« ist das Tier in der Lage, sich auch in Bereichen mit eingeschränkter Sicht zu orientieren und Beute aufzustöbern. In manchen Fällen kann es seine Opfer sogar durch das Ausstoßen eines besonders lauten Tons betäuben.

Wie Fische und Wale atmen

Fische benötigen ebenfalls Sauerstoff zum Leben, doch versorgen sie sich auf ganz andere Art damit als Säugetiere. Wenngleich sie davon umgeben sind, erhalten sie das Element nicht, indem sie das Wassermolekül spalten, das Wasserstoff und Sauerstoff enthält (H_2O): Diese Atome sind fest miteinander verschweißt, und die Teilung eines solchen Moleküls übersteigt die Fähigkeiten von Meeresorganismen. Tatsächlich nehmen Fische direkt die in der Flüssigkeit gelösten O_2-Moleküle auf. Sauerstoff macht etwa 36 % der Gase aus, die sich im Oberflächenbereich des Ozeans lösen, auch wenn die O_2-Konzentration in der Erdatmosphäre 100-mal höher ist. Hinzu kommt die Sauerstoffproduktion durch die Photosynthese von Algen und Wasserpflanzen. Jeder Liter Meerwasser enthält etwa 6 Milligramm O_2: eine sehr geringe Menge, die jedoch für das Leben im Meer von essenzieller Bedeutung ist (und einer der Parameter für die Wasserqualität, vgl. Seite 73). Fische entziehen sie dem Wasser mit Hilfe spezieller Organe, den *Kiemen*.

Der Atmungsprozess eines Fisches ist sehr einfach: Das Wasser mit dem gelösten O_2 wird über den Mund aufgenommen und über die Kiemen ausgeschieden. Diese charakteristischen Einschnitte befinden sich seitlich am Kopf des Fisches und weisen eine faserige und ausgefranste Struktur auf, um die Oberfläche zu vergrößern, mit der das hindurchgepumpte Wasser in Kontakt kommt (vgl. Abbildung 3). Da die Sauerstoffkonzentration im Wasser höher ist, wird er über die dünne Kiemenmembran von den Blutgefäßen absorbiert, wohingegen das Kohlendioxid nach außen abgegeben wird.

Auch Orcas, Wale und Delfine müssen atmen, allerdings verfügen sie über eine Lunge, die Sauerstoff und Kohlendioxid über die Luft austauscht. Deswegen müssen sie von Zeit zu Zeit zur Oberfläche aufsteigen und nach Luft schnappen. Die Öffnung auf ihrem Kopf heißt *Blasloch* und erfüllt dieselbe Funktion wie unsere Nasenlöcher. Atmet etwa ein Wal aus, kommt die warme Luft aus seiner Lunge mit der Atmosphäre in Kontakt und kondensiert in Form der bekannten Fontäne. Im Gegensatz zu den Menschen, die sowohl willentlich als auch unwillkürlich atmen, ist die Atmung der Meeressäuger immer ein bewusster Vorgang, denn sollten sie versehentlich Wasser einatmen, würden sie ertrinken. Da sie jedoch in der Lage sind, den Sauerstoff länger zu konservieren, können sie über eine deutlich längere Zeit tauchen als andere Säugetiere: Ein Blauwal kann beispielsweise 30 Minuten unter Wasser bleiben, ein Pottwal sogar 60.

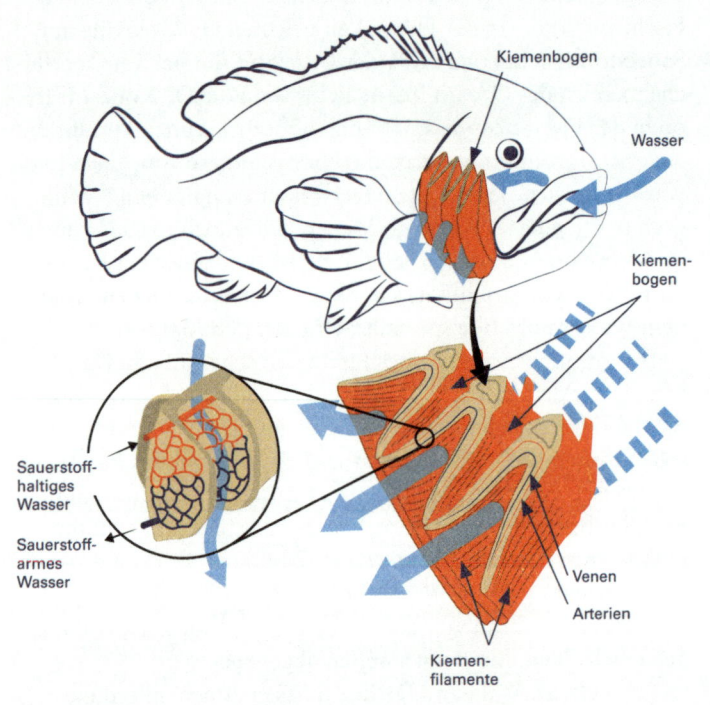

Abbildung 3 – Funktionsweise der Kiemen

BEWOHNER DES MEERESBODENS

Was verbindet Algen und Krebse, Wasserpflanzen und Seesterne, Seeigel und Schwämme? Sie sind alle Teil des *Benthos*, jener Kategorie von Organismen, die in großer Abhängigkeit vom Meeresboden leben. Dieser Lebensraum kann kalt oder warm sein, nah an der Oberfläche oder in großer Tiefe, reich an Leben und Nährstoffen oder beinahe steril, und schließt selbstverständlich auch jenes Leben mit ein, das sich am Strand abspielt.

ALGEN SIND KEINE PFLANZEN

Eine Alge, die bis an den Strand gespült wird und sich an unserem Fuß verfängt, muss dem ungeübten Auge zweifellos wie eine Pflanze erscheinen. In Wahrheit ist jene oftmals grünliche und weiche Substanz jedoch etwas ganz anderes. Algen sind nämlich sehr einfache einzellige (wie das Phytoplankton) oder mehrzellige Organismen, die sich an das Leben im Wasser angepasst haben. Sie können mehr als 60 Meter lang werden, sich aber auch als kleine Verbände auf Felsen ansiedeln, üppige unterseeische Wälder bilden oder ganz vereinzelt gedeihen. Einige ähneln Pflanzen von der Form her, doch ist ihr Gewebe nicht besonders ausdifferenziert: Tatsächlich benötigen sie weder Wurzeln noch ein Gefäßsystem.

Normalerweise hat eine gewöhnliche Landpflanze Wurzeln, die sie im Erdboden verankern und Wasser und Nährstoffe aufnehmen, einen Stiel oder Stamm, der sie stützt, sowie Blätter, die sich um die Photosynthese kümmern. Algen hingegen bestehen aus einem einzigen Körper, dem *Thallus* oder *Lager*, dessen verschiedene Teile sich nur der Form nach unterscheiden: Jede Zelle sorgt nämlich dank der Photosynthese für ihre eigene Erhaltung, und es gibt keinen Bedarf für Gefäße, die den Rest des Organismus mit Nährstoffen versorgen. Das für den Erhalt notwendige Kohlendioxid ist schließlich in gelöster Form im Wasser enthalten, das sie umgibt. Ein Stiel ist auch nicht nötig, da der archimedische Auftrieb die Alge aufrichtet, die mehr oder weniger dieselbe Dichte aufweist wie die sie umgebende Flüssigkeit.

Allgemein werden Algen nach den enthaltenen akzessorischen Pigmenten unterschieden. Diese verleihen ihnen eine breite Vielfalt unterschiedlicher Färbungen und sorgen dafür, dass Algen bestimmte Komponenten des im Wasser empfindlich modifizierten Lichtspektrums aufnehmen können (vgl. Seite 43). Es gibt grüne Algen, die in oberflächlichen Gewässern leben und rotes und orangenes Licht anziehen (welches als Erstes in den Tiefen des Meeres »stecken bleibt«); als Nächstes gibt es braune Algen, die blaugrüne Lichtstrahlen absorbieren; und schließlich, bevor die vollkommene Finsternis erreicht wird, die roten Algen, die blaue Wellenlängen bevorzugen.

☻ ZWISCHEN KÜSTE UND TIEFSEE

Das Leben von benthischen Organismen, die den Strand bevölkern, ist alles andere als einfach. Stellt euch vor, in einer Umgebung gedeihen zu müssen, die konstant von Wellen zerwühlt und zweimal am Tag vollständig unter Wasser gesetzt wird. Eine der größten Schwierigkeiten für Algen oder Tiere, die in der *intertidalen Zone* leben – jenem Abschnitt zwischen dem höchsten Stand der Flut und dem tiefsten Stand der Ebbe –, stellt in der Tat der rasche Wandel der Umweltbedingungen dar.

Pflanzen und Tiere in diesem Bereich müssen beispielsweise großen Temperaturschwankungen widerstehen können: Denkt nur an die sengende Hitze der Sonnenstrahlen, unmittelbar gefolgt von kaltem Wasser. Auch müssen sie flexibel auf Raubtiere reagieren, denn bei Ebbe droht die Gefahr vom Trockenen her, während mit der Flut der Jäger aus dem Wasser kommt. Dennoch stößt man am Strand auf eine regelrechte Explosion von Leben.

Nehmen wir als Beispiel einen Felsstrand. Solch eine Fläche von Steinen verbirgt eine immense Biodiversität, und der Ort, an dem sich Land und See begegnen, lockt mit Nahrung in Hülle und Fülle: Die Wellen rütteln das Wasser auf und verteilen die Nährstoffe gleichmäßig, halten die Gase im gelösten Zustand und absorbieren die Mineralien der ausgewaschenen Steine. Zwischen den Felsen finden sich außerdem die unterschiedlichsten Lebensräume und biologischen Nischen, da es kalte und warme Bereiche gibt, dunkle und helle, salzige und weniger salzige.

Der Sandstrand ist hingegen ein deutlich unwirtlicherer Ort. Zwar hat jemand von unserer Größe keine besonderen Schwierigkeiten, für kleinere Organismen kann das Leben mit dem Sand jedoch recht kompliziert werden. Scharfkantige Sandkörner zerschrammen ihre Panzer und richten Schäden in ihrem Gewebe an; außerdem kann es sehr mühsam sein, sich unter der Erde zu verbergen, wenn man sich zum Graben nicht auf festen Boden stützen kann. Selbst das Essen wird zu einem Problem, wenn man erst anorganische Sandkörner von der Nahrung trennen muss. Daher sind die besten Beispiele für im Sand lebende Organismen des Benthos Weichtiere wie die Venusmuschel oder Krustentiere wie Krabben.

Erst recht problematisch wird die Sache bei Kieselstränden, wo die einzelnen Steine heftig gegeneinander geschleudert werden, wann immer eine Welle über ihnen niedergeht.

Genauso wenig scheint sich die Dunkelheit der Ozeantiefen als Lebensraum zu eignen, und dennoch sind die Meeresbewohner auch dorthin gelangt: Wissenschaftler entdecken ständig neue und merkwürdige Arten. Neben der vollkommenen Finsternis müssen sich die Organismen hier einer kalten Umwelt stellen, in der Salzgehalt und Druck deutlich erhöht sind, Sauerstoff und Nahrung hingegen knapp. Im Allgemeinen verfügen sie über einen entsprechend langsamen Metabolismus: Sie essen wenig, bewegen sich gemächlich und leben sehr lange. Um zu überleben, haben sie im Verlauf der Evolution ebenso besondere Eigenheiten entwickelt: Einige Arten sind beispielsweise um einiges größer als ihre weiter oben lebenden Verwandten (*Gigantismus* oder *Riesenwuchs*), andere hingegen verfügen über stark geschärfte Sinne, um das schwache Umgebungslicht zu kompensieren, oder können selbst Licht erzeugen (*Biolumineszenz*). Zerbrechlichkeit ist oft ein weiteres Unterscheidungsmerkmal: In ruhigen und tiefen Gewässern benötigt man kein festes Skelett, welches aufgrund des Calciummangels und der sauren Umgebung ohnehin schwierig zu konstruieren wäre.

Seeigel und ihre Unterschiede

Oft meiden wir sie sorgfältig, in anderen Fällen suchen wir sie verbissen. Seeigel sind nämlich auch Freude und Genuss der Meere.

Diese Tiere zählen zur Klasse der *Echinoidea*, die gemeinsam mit Seesternen und Seegurken wiederum zu den *Echinodermata* oder *Stachelhäutern* gehört.

Der Körper des Seeigels ist von einem Exoskelett aus Calciumcarbonat und zahlreichen Stacheln umschlossen. Letztere brechen bisweilen in unserer Haut ab und sollten dann entfernt werden, um Infektionen zu vermeiden. An der Unterseite befinden sich Kiemen und Mund, umgeben von fünf Zähnen (der *Laterne des Aristoteles*); der After bildet die Spitze der Oberseite.

Entgegen der herrschenden Meinung isst man nicht die Eier der Seeigel, sondern ihre Gonaden, also jene Organe, die Spermatozoen und Eizellen herstellen. Daher sind sowohl männliche als auch weibliche Exemplare essbar, wenngleich man nicht alle Arten gleich auf die Speisekarte setzen sollte. Der Volksglaube unterscheidet das Geschlecht dieser Tiere fälschlicherweise nach ihren Farben, dabei handelt es sich eigentlich um unterschiedliche Spezies: Die schwarzen Seeigel heißen *Arbacia lixula* (Schwarzer Seeigel, nicht essbar), die violetten, braunen oder grünlichen hingegen nennt man *Paracentrotus lividus* (Steinseeigel, zum Verzehr geeignet). In vielen Gebieten ist es zu bestimmten Zeiten verboten, sie einzusammeln, um die Fortpflanzungsphase nicht zu beeinträchtigen. Vorsicht bei rohem Verzehr, denn wie bei anderen Meeresfrüchten auch, vor allem bei Muscheln, riskiert man eine bakterielle oder Virusinfektion.

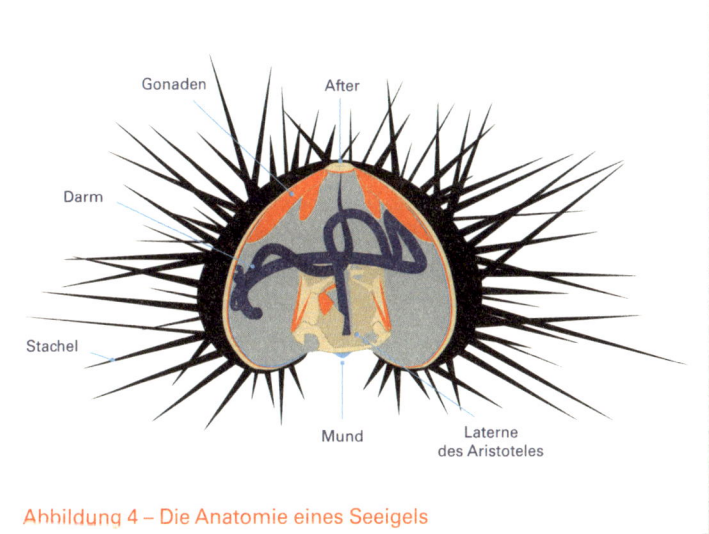

Gonaden

After

Darm

Stachel

Mund

Laterne des Aristoteles

Ahhildung 4 – Die Anatomie eines Seeigels

Das harte Leben der Wasserpflanzen

Lebende Materie überlebt dank der Energie, die sie zu erhalten und zu nutzen vermag. Nichts entsteht aus nichts, weswegen die Schwierigkeit darin besteht, eine Form von Energie in eine andere umzuwandeln. Das geht recht einfach, indem man die Sonnenstrahlen auffängt und ihre Energie in bestimmte Moleküle »packt«, die man bei Bedarf einfach wieder zerlegen kann, wie beispielsweise Kohlenhydrate. Das gilt für die Erdoberfläche genauso wie für die Tiefen der Ozeane. Dieser Vorgang nennt sich *Photosynthese* und stellt die einzige Energiequelle für bestimmte im Meer lebende Bakterien, Algen und Wasserpflanzen dar.

Diesen Organismen genügen drei bescheidene Zutaten – Kohlendioxid, Wasser und Sonnenstrahlen –, um Atomketten aus Kohlenstoff, Wasserstoff und Sauerstoff (Kohlenhydrate) herzustellen. Diese Ketten dienen als Kraftstoff, der die Lebensprozesse der Organismen am Laufen hält – außerdem wird als Nebenprodukt dieses Prozesses Sauerstoff freigesetzt. Das klingt zwar einfach, aber das Leben einer Wasserpflanze ist viel härter als das ihrer Verwandten auf dem Trockenen.

Licht ist ein essenzieller Bestandteil der Photosynthese, doch bedauerlicherweise dringt es nur bis zu einer gewissen Tiefe des Meeres durch (vgl. Seite 78). Das ist der Grund, weshalb der Großteil der Algen und Wasserpflanzen an der Wasseroberfläche bleibt oder über Blätter und Stiele verfügt, die Hunderte Meter tief zum Meeresboden reichen, wo sich die Wurzeln befinden. Zahlreiche Variablen beeinflussen darüber hinaus die Menge der Sonnenstrahlen, die unter die Wasseroberfläche gelangen: Nicht nur müssen die Organismen stark bewölkte Tage überdauern können, sie müssen auch mit einer etwaigen Trübung des Wassers zurechtkommen, da das Licht leicht von im Meer schwebenden Mikropartikeln (vgl. Seite 43) aufgehalten werden kann.

Ein weiteres Problem stellt das Kohlendioxid dar, denn während eine Pflanze auf dem Trockenen es ohne weiteres über ihre Wurzeln und ihre Poren absorbieren kann, muss eine Wasserpflanze mit einer viel geringeren CO_2-Konzentration zurande kommen; außerdem bewegt sich dieses Gas in einem Medium wie Wasser bedeutend langsamer. Um das auszugleichen, verfügen Wasserpflanzen über weitaus effizientere Poren, die größere Mengen Kohlendioxid aufnehmen können.

Schließlich bleibt die Schwierigkeit, in einer salzhaltigen Umgebung leben zu müssen: Je mehr Wasser die Pflanze einzieht, desto mehr Salz gelangt in den Kreislauf ihres Organismus. Daher läuft sie aufgrund der Osmose (vgl. Seite 108) leicht Gefahr, der Dehydratation zu unterliegen. Dieses Problem kann beispielsweise umgangen werden, indem man über Stoffwechselprozesse verfügt, die den Organismus möglichst rasch von allem überschüssigen Salz befreien.

WAS UNTER WASSER MIT UNS GESCHIEHT

Die Schönheit des Meeres weiß man noch mehr zu schätzen, wenn man sie unter Wasser betrachtet. Wer schon einmal das Glück gehabt hat, in einem tropischen Paradies Urlaub zu machen, wird gewiss die Gelegenheit nicht versäumt haben, *Schnorcheln* zu gehen: An der Wasseroberfläche zu schwimmen, ausgerüstet mit Tauchmaske und Schnorchel, um Korallenriffe und kunterbunte Fische zu bestaunen. Oder vielleicht sogar in einen Tauchanzug zu schlüpfen und mit Druckluftflaschen auf dem Rücken in größere Tiefen vorzudringen, um am eigenen Leib zu erfahren, was es bedeutet, auf allen Seiten vom Ozeanleben umgeben zu sein (auch wenn unsere Wahrnehmung unter Wasser eine ganz andere ist, vgl. Seite 42). Was geschieht mit unserem Körper, wenn wir unter die Meeresoberfläche gleiten?

TAUCHEN MIT ANGEHALTENEM ATEM

Das haben wir alle schon ausprobiert. Man nimmt einen tiefen Atemzug und taucht den Kopf unter Wasser, um auf die Probe zu stellen, wie lange man die Luft anhalten kann; oder man schwimmt abwärts in Richtung Meeresboden, um zu sehen, welche Tiefe man erreicht. Unglaubliche Ergebnisse braucht man sich davon nicht zu erhoffen: Ein durchschnittlicher Mensch hält es etwa ein bis zwei Minuten aus, bis er wieder atmen muss, sofern er sich nicht bewegt. Das ist gar nichts, verglichen mit dem Weltrekord, der 2009 in Frankreich aufgestellt wurde. Stéphane Mifsud, der Sieger, hat 11 Minuten und 35 Sekunden ohne Sauerstoff ausgehalten. Eine ganze andere Angelegenheit ist das klassische Apnoe-Tauchen, bei dem man ohne Flossen oder andere Hilfsmittel in die Tiefe und wieder nach oben gelangen muss. Hier wurde der Tiefenrekord von 101 Metern im Jahre 2010 vom Neuseeländer William Truebridge auf den Bahamas aufgestellt.

Wenn wir uns unter Wasser begeben, durchläuft unser Körper diverse Veränderungen, die Sauerstoff sparen sollen. Das ist der sogenannte *Tauchreflex*, ein ganzes Bündel an automatischen Reaktionen, die bei allen Säugetieren auftreten, sobald das Gesicht von Wasser bedeckt ist. Als Erstes wird der Herzschlag verlangsamt (*Bradykardie*), um den Sauerstoffverbrauch zu senken. Als Nächstes tritt die *periphere Vasokonstriktion* ein, das heißt, dass die Blutgefäße in den Extremitäten ihr Volumen verringern, damit weniger Blut in ihnen transportiert wird und stattdessen Organe wie Herz und Gehirn ausreichend versorgt sind. Schließlich kommt es zum sogenannten *Bloodshift*, einer »Blutverschiebung« in den Brustkorb, um der Kompression der Lungen entgegenzuwirken.

Der Körper reagiert damit nicht nur auf den Stillstand der Atmung, sondern auch auf den abrupten Temperaturabfall. Wasser leitet nämlich Wärme viel besser als beispielsweise Luft. Diese weist hingegen eine bessere Isolierungskapazität auf, weshalb wir sehr rasch auskühlen, wenn wir uns im Wasser befinden.

Ein weiteres Problem ist der Druck. Auf Meereshöhe sind wir dem Gesamtgewicht der Luft ausgesetzt, die sich über unserem Kopf befindet (das entspricht insgesamt dem Druck von einer Atmosphäre bzw. 1 bar; vgl. Seite 175). Begeben wir uns tiefer hinab, haben wir zusätzlich das Gewicht der Wassersäule über uns. Da Wasser eine höhere Dichte aufweist als Luft, geht man davon aus, dass man jeweils für zehn Meter Tiefe mit einer Druckzunahme um 1 bar rechnen muss. Tauchen wir auf 20 Meter hinab, sind wir einem Druck von etwa 3 bar ausgesetzt, dem Dreifachen dessen, was an der Oberfläche herrscht. Diese Kraft wirkt gleichmäßig auf unseren gesamten Körper ein und könnte derart fest auf unsere Lungen drücken, dass alle Luft herausgepresst würde. Dem Tauchreflex ist es jedoch zu verdanken, dass unser Blut – das wie alle Flüssigkeiten wenig komprimierbar ist – in den Brustkorb strömt und dessen Widerstandskraft erhöht.

Sobald man aufhört zu atmen, beginnt die Sauerstoffkonzentration im Organismus abzunehmen. Nur durch Training kann man die Fähigkeit der Lungen erhöhen, eine größere Menge zurückzuhalten.

Weshalb sich unter Wasser die Ohren »verschließen«

Wenn wir tauchen, verschließen sich oft unsere Ohren, und auch das liegt am Druck. Am Ende des Gehörgangs befindet sich das Trommelfell, eine elastische Membran, die es uns ermöglicht, Töne wahrzunehmen. Hinter ihr liegt ein kleiner Hohlraum, der eine geringe Menge Luft enthält. Bei zunehmender Tiefe übersteigt der von der Außenwelt auf das Trommelfell ausgeübte Druck den der innen liegenden Luft, weshalb die Membran sich nach innen wölbt und unter Spannung gerät. Daher rührt unser unangenehmes Gefühl. Glücklicherweise kann man das leicht beseitigen, indem man einfach dafür sorgt, dass auf beiden Seiten des Trommelfells derselbe Druck herrscht. Wie das geht? Mit den *Ohrtrompeten*, auch eustachische Röhren genannt. Das Mittelohr ist nämlich mit dem Rachen über einen Kanal verbunden, den wir ganz einfach öffnen und schließen können, indem wir schlucken oder gähnen. Oder indem wir Mund und Nase zuhalten und dann vorsichtig durch die Nase auszuatmen versuchen (ohne es zu übertreiben, da sonst das Trommelfell platzen kann!). Auf diese Weise gleichen wir den Druck mit zusätzlicher Luft aus, die über die Ohrtrompeten befördert wird, und die Membran des Trommelfells entspannt sich wieder. Derselbe Trick kann auch helfen, wenn unser Körper im Flugzeug oder im Gebirge entsprechend auf die veränderten Druckverhältnisse reagiert.

☻ MIT TAUCHERFLASCHEN IN DER TIEFE

Manch einer greift für seine Reise zum Meeresgrund lieber auf eine komplette Ausrüstung zurück: Sauerstoffflaschen, Tauchmaske für bessere Sicht, wärmeisolierter Anzug gegen die Kälte sowie Gewichte, um den Auftrieb zu kontrollieren. Ein Tauchgang erfordert jedoch eine gewisse Ausbildung, da die Unterwasserwelt üble Scherze mit Personen treiben kann, die nicht ausreichend vorbereitet sind. Die größte Aufmerksamkeit verdient dabei der Druck, dem wir in der Tiefe ausgesetzt sind, und seine Auswirkung auf die Gase innerhalb unseres Körpers.

Unsere ganz alltägliche Atemluft besteht nämlich nicht nur aus Sauerstoff, der vielmehr nur rund 21 % des Gasgemisches unserer Atmosphäre ausmacht. Den Hauptanteil stellt mit 78 % Stickstoff dar (N_2), während der dritte Platz mit 1 % an Argon (Ar) geht. Wenn wir diese Luft atmen, absorbiert unser Körper den Sauerstoff mit Hilfe der Lunge. Allerdings werden auch andere Gase in unserem Blut gelöst, die keinerlei Funktion haben. Mit jedem Atemzug lösen sich daher einige N_2-Moleküle auf und beginnen ihren Kreislauf durch unser Gewebe, während andere den umgekehrten Weg beschreiten und in der Lunge erneut einen gasförmigen Zustand einnehmen, um anschließend ausgeatmet zu werden. Dasselbe geschieht, wenn wir eine Taucherflasche verwenden. Die geläufigsten Modelle enthalten ein Gemisch namens *Nitrox*, das in etwa die Verhältnisse von Stickstoff und Sauerstoff der Erdatmosphäre widerspiegelt, wenngleich es meist mit zusätzlichem Sauerstoff angereichert wird.

An dieser Stelle kommt das 1803 entdeckte Henry-Gesetz ins Spiel: Ein Gas, das Druck auf die Oberfläche einer Flüssigkeit ausübt, wird in der Flüssigkeit gelöst, bis es darin denselben Druck erreicht wie an der Oberfläche. Kurz: Höherer Druck bedeutet mehr gelöstes Gas und umgekehrt. Das gilt auch für Gasgemische: Sie unterliegen seiner Wirkung genauso, als lägen sie in Reinform vor. Folglich betrifft das auch das beim Tauchen verwendete Nitrox, da das an den Taucher abgegebene Gas unter Wasser denselben Druck aufweist wie die Umgebung, in der er sich befindet (vgl. Kasten *Wie atmet ein Taucher?*).

ABTAUCHEN

Sobald man sich in die Tiefe begibt, löst sich aufgrund des Drucks zunehmend der Stickstoff im Blut, und die Auswirkungen auf das Gehirn folgen schnell. Dieser Zustand nennt sich *Stickstoffnarkose* oder *Tiefenrausch* und die Folgen für unseren Organismus ähneln jenen des Alkohols: Berauschtheit, Verwirrung, verzögerte Reaktionszeit, falsches Sicherheitsempfinden.

Angehenden Tauchern wird diese Narkose anhand der »Martini-Regel« veranschaulicht: Ab 20 Metern Tiefe ist es, als trinke man für je 10 weitere Tiefenmeter ein Glas Martini. Die »Trunkenheit« wird üblicherweise wahrgenommen, sobald man 4 bar Druck überschreitet (ab 30 Meter).

Die Gefahr geht hierbei von einem getrübten Urteilsvermögen aus, das zu riskanten Entscheidungen führen kann, gerade in einem so problematischen Umfeld wie der Meerestiefe. Die einzige Lösung besteht darin, wieder ein paar Meter aufzusteigen: Der geringere Druck reduziert die Stickstoffkonzentration im Blut, und nach wenigen Minuten ist das überschüssige Gas ausgeatmet.

Ein weiteres Risiko, dem man bei großer Tiefe ausgesetzt ist, besteht darin, dass die Konzentration von gelöstem Sauerstoff im Organismus zu hoch wird. Besteht im Organismus über längere Zeit eine zu hohe O_2-Konzentration, entfaltet das Gas eine toxische Wirkung. Daher wird auf jeder Druckluftflasche die maximale Tauchtiefe angegeben, die natürlich von der Menge an Sauerstoff (und folglich dem Druck) im Gasgemisch abhängt.

Mit einer Sauerstoffkonzentration von 21 % (und einem maximalen Druck von 1,6 bar) kann man beispielsweise auf etwa 66 Meter Tiefe tauchen, wohingegen bei 32 % nur 40 Meter erreicht werden können. In beiden Fällen darf man die Dauer von 45 Minuten nicht überschreiten. Um die Tiefe und die Zeiten im Auge zu behalten und die Dekompression zu regeln, werden oft kleine Unterwassercomputer am Handgelenk getragen.

AUFTAUCHEN

Mit dem Ende eines schönen Tauchgangs kommt der Zeitpunkt des Auftauchens, und auch hierfür muss man bestimmte Vorsichtsmaßnahmen beachten. Sobald Tiefe und Druck wieder abnehmen, kehren die in unserem Gewebe gelösten Gase wieder in den gasförmigen Zustand zurück, bevor sie über die Atmung ausgeschieden werden. Je tiefer man dabei gewesen ist, desto mehr Stickstoff befindet sich im Körper und desto mehr N_2-Moleküle werden im Verlauf des Auftauchens wieder zu Gas. Steigt man ausreichend langsam auf, stellt das kein Problem dar. Erfolgt das Auftauchen jedoch zu rasch und ohne Unterbrechungen, können sich im Blutkreislauf und im Gewebe Stickstoffbläschen bilden.

Die Folgen dieser sogenannten *Dekompressionskrankheit* unterscheiden sich je nach betroffenem und zerstörtem Gewebe und können verschieden schwer ausfallen: Die Symptome reichen von Juckreiz und Gelenkschmerzen bis hin zu Lungen- oder Gehirnschäden. Bei ihrem Aufstieg beachten Taucher daher peinlich genau die Bestimmungen der *Dekompressionstabelle*. Diese zeigt an, wie viel Zeit man auf das Auftauchen verwenden sollte und wie lange die Pausen in bestimmten Tiefen dauern müssten. Das alles hängt selbstverständlich von der Länge des Tauchgangs und der erreichten Tiefe bzw. dem maximalen Druck ab.

NIE DEN ATEM ANHALTEN

Taucher in Ausbildung lernen das früh: Taucht man mit Flaschen und Atemgerät, darf man nie aufhören, ein- und auszuatmen. Weshalb? Das ist schnell gesagt: Hält man die Luft an und steigt wieder in Richtung der Oberfläche auf, nimmt der Druck ab und das Volumen der Luft in unserer Lunge zu. Das ist kein Problem, wenn wir dabei ein- und ausatmen, weil das Gas entweichen kann und das eingeatmete Gemisch denselben Druck aufweist wie unsere jeweilige Umgebung. Halten wir jedoch den Atem an, unterbrechen wir diesen Mechanismus. Durch die plötzliche Ausdehnung der Luft kann unsere Lunge ernsthaft beschädigt werden, oder es können Gasbläschen in unseren Blutkreislauf gelangen.

Worin liegt der Unterschied zum Apnoe-Tauchen? Ein Beispiel genügt. Nehmen wir einmal an, ein Apnoe-Taucher begibt sich in eine Tiefe, bei der seine Lunge auf ein Viertel ihres üblichen Volumens komprimiert wird: Im Verlauf des Aufstiegs kehrt sie zu ihrer ursprünglichen Ausdehnung zurück, ohne größere Veränderungen. Steigt jedoch ein Gerätetaucher aus derselben Tiefe auf, während er den Atem anhält, dehnt seine Lunge sich aus, um den Druckabfall auszugleichen, und überschreitet dabei ihr normales Volumen, wodurch das Gewebe beschädigt wird.

Wie atmet ein Taucher?

Man kann mit Fug und Recht behaupten, dass der moderne Taucher 1943 geboren wurde, als Jacques-Yves Cousteau und Émile Gagnan den *Scuba* (*Self-contained Underwater Breathing Apparatus*) erfanden, das erste Gerät, welches das Abtauchen in die Tiefen der Meere wirklich einfach machte.

Einer der wichtigsten Bestandteile im Set des perfekten *Scuba diver* ist der Atemregler. Sein Hauptzweck besteht darin, den Taucher mit Atemluft zu versorgen, die denselben Druck aufweist wie die Umgebung. Um das leisten zu können, ist der Atemregler mit zwei unterschiedlichen Systemen ausgestattet. Die erste Stufe ist direkt an die Flasche angeschlossen und reduziert mit Hilfe zweier Kammern und eines Membranventils, das unmittelbar mit dem umgebenden Wasser in Berührung ist, den hohen Druck des Gasgemischs auf einen mittleren Wert.

Diese Luft wird anschließend über einen Schlauch an eine zweite Stufe weitergegeben, die sich vor dem Mund des Tauchers befindet und aus einer einzigen Kammer besteht, welche ebenfalls über ein Membranventil mit Wasserkontakt verfügt.

Atmet der Taucher ein, wird die Luft aus der ersten Stufe in die zweite befördert, wobei sich der Druck so weit verringert, dass er dem Umgebungsdruck gleicht. Auf diese Weise kann die Luft mühelos eingeatmet werden. Beim Ausatmen lässt ein Ventil das Kohlendioxid einfach austreten.

Es ist alles eine Frage der Bewegung. Seekrankheit ist eng verwandt mit anderen Formen des Unwohlseins, die man beispielsweise im Auto oder im Flugzeug erleiden kann, und die alle damit zusammenhängen, dass unser Körper einerseits spürt, dass er sich fortbewegt, während er andererseits den Eindruck erhält, er stünde still. Wir fangen jedoch am besten vorne an: Niemand weiß mit Sicherheit zu sagen, was mit unserem Körper geschieht, wenn wir uns auf einem Schiff befinden, und weshalb manchen Menschen dabei übel wird.

Die am weitesten verbreitete These geht jedoch von einer Dissonanz aus zwischen dem, was unsere Augen sehen, und dem, was unsere Ohren empfinden. Im Innenohr gibt es einen Bereich namens *Labyrinth*, der unter anderem dafür zuständig ist, die Lage unseres Kopfes zu kontrollieren. Bewegen wir uns, überträgt sich diese Bewegung auf die Flüssigkeit, die sich in seinen drei halbkreisförmigen *Bogengängen* befindet. Diese Gänge erstrecken sich in alle drei Richtungen des Raumes und können daher erfassen, ob wir uns vor oder zurück, nach oben oder unten, nach links oder nach rechts bewegen.

Diese Informationen werden an das Gehirn übertragen und dort um zusätzliche Daten ergänzt, die von unseren Muskeln und unseren Augen stammen, wodurch es uns ermöglicht wird, das Gleichgewicht zu halten.

Befinden wir uns nun auf einem Schiff, womöglich in einem geschlossenen Raum unter Deck, erhält unser Gehirn widersprüchliche Informationen: Das Ohr spürt, dass wir uns bewegen, doch das Auge nimmt eine stillstehende Umgebung wahr. Schon geht der Alarm los: Für das Gehirn ist das eine unmögliche Situation, auf die es mit Übelkeit und Erbrechen reagiert. Wie also soll man diese Reaktion auf einem Schiff vermeiden? In erster Linie kann es helfen, auf großen Schiffen zu reisen, bei denen man die Bewegung weniger wahrnimmt, insbesondere wenn man eine Kabine möglichst im Zentrum des Schiffes wählt: An diesem Punkt bewegt es sich am wenigsten.

Spürt man nun die Übelkeit in sich aufsteigen, begibt man sich am besten auf Deck und fixiert einen Punkt am Horizont, wodurch sich die Orientierung verbessern sollte, was in der Regel wiederum das Gehirn »beruhigt«. Außerdem kann eine leichte Ernährung vor Antritt der Reise und unterwegs die Folgen der Seekrankheit weniger unangenehm gestalten, nicht nur für euch, sondern auch für eure Begleiter.

WIE STRÄNDE ENTSTEHEN

Kaum etwas fühlt sich so entspannend an, wie barfuß in lauwarmem Sand zu stehen. Zu spüren, wie die Sandkörner zwischen die Zehen rieseln, spendet Ruhe und Gelassenheit. Man denke nur daran, wie viel Geduld die Witterungseinflüsse aufbringen mussten, um ihm dieses Aussehen zu verleihen: fein, hauchzart und golden. Woher kommt der Sand? Woher rührt seine Färbung? Und weshalb ist der Strand ausgerechnet dort entstanden?

◉ EIN STRAND WIRD GEBOREN

Genau genommen ist ein Strand eine Müllhalde. Vorsicht, denn gemeint ist eine natürliche Deponie für die Abfallprodukte der Erosion von Erdmaterial. Ein Prozess, der viele Jahrtausende dauern kann. Zum Beispiel werden Steine unter dem Einfluss von Wind, Sonne und Frost allmählich klein gerieben und von Flüssen zum Meer befördert; die Bewegung der Wellen lagert dann die Sedimente entlang der Küste ab, wo sie sich ansammeln und nach und nach ein Strand entsteht.

Die Zutaten für einen Strand sind recht einfach. Zunächst benötigt man einen ordentlichen Vorrat an Sedimenten, die aus Sand, Kies oder Muschelfragmenten bestehen können. Zusätzlich braucht man die Energie der Wellen, um das Material zu transportieren. Und schließlich einen Wasserpegel (des Meeres oder eines Sees), der für eine gewisse Zeit in etwa gleich bleibt. Diese drei Komponenten entscheiden darüber, wo sich ein Strand bildet und wie er beschaffen sein wird. Unerlässlich ist natürlich auch ein Ort, der die Sedimente »festhalten« kann. Sand, Meeresspiegel und Wellen gehen ein dynamisches Gleichgewicht ein: Verändert sich eines dieser Elemente, folgt daraus auch ein Wandel der anderen, und das Strandprofil nimmt eine andere Gestalt an.

Wann sind die Strände entstanden, die wir heute kennen? Um das zu beantworten, muss man den Wandel des Meeresspiegels im Lauf der Jahrtausende betrachten. Während der letzten zwei Millionen Jahre befanden sich die Ozeane nämlich in einem ständigen Auf und Ab, wie ein Jo-Jo, und erst vor einigen Tausend Jahren hat sich ihr Pegelstand mehr oder weniger stabilisiert. Seitdem ist die Lage der Strände recht konstant geblieben. Wäre der Meeresspiegel nicht auf das heutige Niveau gestiegen, befänden sich die Strände nicht dort, wo sie jetzt sind.

Das ist ein recht simpler Kreislauf: Durchläuft der Planet eine Eiszeit, nimmt die Größe der Gletscher zu, während die Flüsse zurückgehen und der Meeresspiegel sinkt. Mit zunehmender Erderwärmung hingegen schmilzt das Eis, weshalb die Flüsse mehr Wasser führen und die Ozeane sich erheben. Als Folge dieses Prozesses verschieben sich die Strände. Wir haben auch gesehen, dass Flüsse für den Transport von Gesteinsmaterial in Richtung Meer von entscheidender Bedeutung sind. In Zeiten tiefer Meeresstände nimmt die Erosion an den Flussmündungen zu: Das sich von der Mündung zurückziehende Meer legt Landmassen frei, die sich gewissermaßen wie ein Hindernis vor den Fluss schieben. Das zum Meer strömende Wasser muss sich einen Weg hindurchbahnen und reißt dabei neue Sedimente mit sich. Wenn der Meeresspiegel wieder ansteigt und die Flüsse anschwellen, trägt das Wasser hingegen sämtliches Geröll in Richtung der Mündung, das auf seinem Weg liegt.

Nach der letzten Kaltzeit, die vor etwa 18 000 Jahren abzuklingen begann, ist der Meeresspiegel rasch angestiegen, weil er von dem Schmelzwasser der Gletscher gespeist wurde. Damals bestehende Strände wurden überflutet und ihre Sedimente ins Landesinnere gespült. Schließlich erreichten die Ozeane ihren jetzigen Stand, doch zu diesem Zeitpunkt war das Wasser bereits in Täler eingedrungen und hatte breite Flussmündungen gebildet. Dabei wurden Einbuchtungen der Küsten und kleinere Täler mit großen Mengen an Sedimenten und Geröll bedeckt: So sind unsere Strände entstanden.

⬖ STRÄNDE IN VIELEN FARBEN

Nicht alle Sedimente sind gleich: Jeder Strand ist einzigartig. Seine Gestaltung hängt von den Materialien ab, aus denen er gemacht ist. Die Sedimente an der Küste können unterschiedlichsten Ursprungs sein; selbst ein und derselbe Felsen kann im Laufe der Zeit bei der Erosion unterschiedliche Färbungen und Merkmale offenbaren. Weshalb sind Sandstrände dann fast immer hellbraun? Weil die meisten aus Milliarden von Quarzkörnchen bestehen. Quarz (Siliciumdioxid, SiO_2) ist ein helles oder sogar durchsichtiges Mineral, das sehr häufig in Granitgestein vorkommt. Es besitzt eine hohe Widerstandskraft gegen physische und chemische Einflüsse und erreicht daher unsere Strände fast unbehelligt. Darin unterscheidet es sich von den Feldspaten, den in der Erdkruste am häufigsten auftretenden Mineralien, die hingegen leicht zerstört werden können und nur einen geringen Prozentsatz in der Strandzusammensetzung ausmachen.

Doch obwohl Sand überwiegend aus Quarz besteht, weisen nicht alle Strände dieselbe Farbe auf. Die farbliche Nuancierung hängt nämlich von seinem Alter ab: Älteres Quarz hat schlicht mehr Zeit gehabt, sich von allen Rückständen zu befreien, um sein reinstes (und hellstes) Wesen freizulegen, während jüngere Formen des Minerals erst kürzlich aus dem Gestein gelöst wurden und noch von dunkleren Spuren durchsetzt sind. Es gibt noch einen weiteren Grund: Bisher war nur von *terrigenen Sedimenten* die Rede, also von Sedimenten, die durch die Erosion von Gestein entstanden sind. Es gibt aber auch Rückstände anderer Art, die sich am Meeresufer ansammeln können.

Habt ihr euch jemals gefragt, weshalb es an manchen Stränden beispielsweise schwarzen Sand gibt? In den meisten Fällen handelt es sich dabei um sogenannte *Schwerminerale*, deren Name daher rührt, dass sie eine höhere Dichte haben als Quarz, wie beispielsweise Ilmenit, Magnetit und in manchen Fällen sogar Zirkon, Diamant und Gold. Aufgrund ihres Gewichts können diese Minerale sich in den tieferen Sandschichten anhäufen und regelrechte Adern bilden. Nach einem Sturm stechen sie manchmal gut sichtbar aus hellerem Sand hervor. Nehmt einmal je eine Handvoll hellerer und dunklerer Sedimente: Obwohl die helleren viel gröber sind, werdet ihr feststellen, dass sie weniger wiegen.

Dunkler Sand kann aber auch magmatischen Ursprungs sein, gerade wenn man nicht allzu weit von einem Vulkan entfernt ist. In solchen Fällen fließt Lava ins Wasser und wird dort ruckartig abgekühlt, wodurch sie in Fragmente unterschiedlicher Größe zerspringt. Oder aber erstarrtes Vulkangestein gibt unter den Einflüssen der Erosion Sedimente ab. Das geschieht etwa an einigen Stränden der Äolischen Inseln vor Sizilien oder auf Hawaii.

Schließlich gibt es aber auch andere Ablagerungen, die sehr hell und organischen Ursprungs sein können. Solche Strände bestehen aus den Überresten von Muscheln und Korallen. Einige Meeresbewohner sind nämlich in der Lage, Calciumcarbonat herzustellen (vgl. Seite 97). Dieses äußerst widerstandsfähige Material überlebt den Organismus, der es hergestellt hat, und verbleibt auf dem Meeresboden, um schließlich zertrümmert und an den Strand gespült zu werden. Strände in der Nähe von Korallenriffen stellen das ideale Sammelbecken fur solche Sedimente dar, die zuweilen mit scharfen Kanten und Spitzen unter der Brandung lauern.

≋ VON SAND, LEHM UND KIESELN

Nicht jeder Strand ist ein Sandstrand, manche bestehen auch aus Felsen oder aus Kieseln, und die Größe der Sedimente (ihre *Korngröße*) ist ausschlaggebend, um deren Alter zu ermitteln: Je feiner sie sind, desto länger waren sie atmosphärischen Einflüssen ausgesetzt. Es gibt sogar ein eigenes Definitionssystem, um Gesteinsfragmente zu klassifizieren (Korngrößenanalyse oder *Granulometrie*): die Udden-Wentworth-Skala (vgl. Tabelle 1).

Überschreitet der gemittelte Durchmesser 25 Zentimeter, spricht man von einem *Block*, zwischen 20 und 6,3 Zentimetern von einem *Stein*, darunter liegende Größen bis zu 4 Millimetern nennt man *Kies* (bzw. *Schotter*). Zwischen 1 und 0,06 Millimetern Durchmesser liegt *Sand* vor, darunter spricht man von *Schlämmen* (präziser: *Schlämmkorn*), wie *Schluff* (oder *Silt*, unverfestigte Sedimente) und *Ton*.

In Abhängigkeit von der anteiligen Zusammensetzung aus Schotter, Sand und Schlamm erhält jeder Stand eine präzise Bezeichnung, die Auskunft über seine Beschaffenheit gibt. Sofern man jedoch nicht Geologe von Beruf ist, sollte man besser auf einfachere Kategorien zurückgreifen. Die wichtigsten sind:

Partikelgröße in mm	Definition		
> 256	Block	Boulder	
128	Sehr grober Stein	Cobble	
64	Grober Stein	Cobble	
32	Mittelgrober Kies	Pebble	Rudit
16	Mittlerer Kies	Pebble	
8	Mittelfeiner Kies	Pebble	
4	Feiner Kies	Pebble	
2	Granulat	Granule	
1	Sehr grober Sand	Very coarse sand	
1/2	Grober Sand	Coarse sand	
1/4	Mittlerer Sand	Medium sand	Arenit
1/8	Feiner Sand	Fine sand	
1/16	Sehr feiner Sand	Very fine sand	
1/32	Grober Schluff (Silt)	Coarse silt	
1/64	Mittlerer Schluff (Silt)	Medium silt	
1/256	Sehr feiner Schluff (Silt)	Very fine silt	Lutit
< 1/256	Ton	Clay	

Tabelle 1 – Udden-Wentworth-Skala zur Korngrößenanalyse (Granulometrie)

- *Sandstrand*

  Die bekannteste Strandart. Der Sand, aus dem er besteht, stammt hauptsächlich aus großen Flüssen, von Gletschern und verwittertem Gestein und kann mitunter auch von weit her angespült worden sein, dank der Küstenlängsströmung (vgl. Seite 50). Er wird auf den Strand geschwemmt und häuft sich langsam auf dem Kontinentalschelf an.

- *Schotterstrand*

  Für Touristen können sie zwar recht unbequem sein, doch auch die Küstengebiete voller Steine, Kies und Geröll gelten als Strände. Aufgrund des hohen Gewichts von Schotter wird er in der Regel nicht sehr weit von seinem Ursprungsort wegbewegt, weshalb diese Art Strand meist Material aus der Umgebung enthält.

- *Lehmstrand*

  Der Lehmstrand besteht aus sehr feinen Sedimenten, wie Schluff und Ton, die aus der Erosion von weichem Gesteinsmaterial entstehen, das wiederum von den großen Flüssen zum Meer befördert wird. Sedimente dieser Art findet man an Küsten mit warmem und feuchtem Klima (75 % der tropischen Strände sind Lehmstrände), und im Allgemeinen sammeln sie sich in tiefen Gewässern an. Aufgrund der im Schlamm gefangenen organischen Stoffe verbreiten sie einen gewissen Geruch, was sie bei Touristen nicht gerade beliebt macht.

⊜ WIE EIN STRAND AUFGEBAUT IST

Wo beginnt der Strand? Auf den ersten Blick würde niemand vermuten, dass er in Wahrheit auf dem offenen Meer anfängt, dort wo der Meeresboden beginnt, Einfluss auf die Wellen auszuüben. Die tatsächliche Entfernung kann dabei variieren: näher an der Küste bei kleinen Wellen, weiter weg bei großen.

Der Endpunkt eines natürlichen Strandes liegt hingegen weiter in Richtung Festland, am Ansatz der Dünen. An diesen beiden Bezugspunkten orientiert sich die Strandmorphologie, welche die Gestalt des Strandes untersucht. Setzen wir zunächst bei den Grundlagen an, dem sogenannten *Profil* des Strandes (vgl. Abbildung 1) und seinen wichtigsten Merkmalen:

- *Nasser Strand*
  Das ist der Bereich, in dem die Wellen den Einfluss des Meeresbodens zu »spüren« beginnen und langsamer werden. Hier setzt sich der Sand ab, der bei Stürmen vom offenen Meer angeschwemmt wird: Ein hervorragendes Vorratslager, aus dem sich kleinere Wellen bedienen können, um den Strand wieder aufzustocken.

- *Brandungszone*
  Im Englischen gibt es einen Bereich namens »*surf zone*«: Hier spielt sich die tatsächliche Bewegung ab, und hier halten sich demnach auch die Surfer auf. Diese Zone erstreckt sich von dem Punkt, an die Wellen zu brechen beginnen, bis zur Strandlinie: Wenn sie ihre Energie freisetzen, wühlen die Brecher den Meeresboden auf und verursachen Strömungen. In diesem Bereich kann man sowohl Sandbänke als auch Rinnen finden, in denen die Strömung fließt (vgl. Seite 50).

- *Intertidal oder Gezeitenschorre*
  Dieser Strandbereich, in dem die Wellen auslaufen, liegt zwischen dem durchschnittlich erreichten Wasserstand von Flut und Ebbe (Hoch- bzw. Niedrigwasserlinie) und wird demnach mindestens einmal am Tag überflutet. Hier können sich ebenfalls Sandbänke und Rinnen bilden.

- *Trockener Strand*
  Das ist der Bereich, den wir gut kennen. Er beginnt an der Strandlinie und reicht bis zu den Dünen. Hier können wir auf

die *Hochschorre* stoßen, stufenartige Erhebungen des Strandes, die von den Springtiden aufgeworfen und nur bei Sturm überspült werden (*»Sturmniveau«*). Die dem Ufer am nächsten liegende und am wenigsten ausgeprägte Stufe bezeichnet die *Strandebene*, deren Form durch den normalen Wellengang bestimmt wird (Erosion bzw. Akkumulation) und die, wie die Hochschorre, in einem kleinen *Strandwall* endet: Jenseits davon verläuft die zum Wasser abfallende Strandlinie.

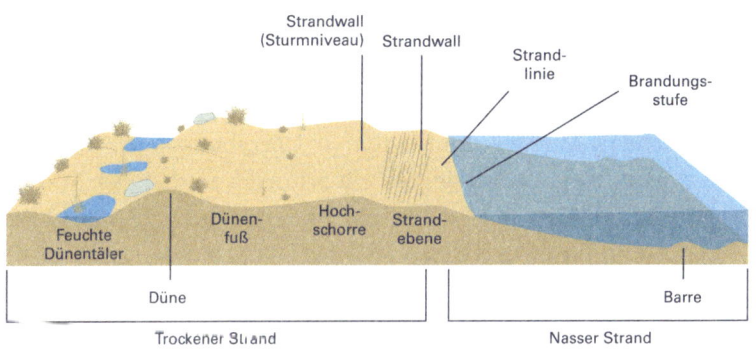

Abbildung 1 – Ein Strand im Profil

≋ DIE GOLDENEN REGELN DES STRANDES

Ein Strand ist wie gesagt eine Ablagerungsstätte für Sedimente, die sich in einem dynamischen Gleichgewicht mit Wellen und Meeresspiegel befindet. Dem australischen Wissenschaftler und Surfer Rob Brader zufolge gehorcht dieses System drei einfachen Regeln. Wenn ihr euch diese einprägt, könnt ihr einen Großteil der Phänomene am Strand erklären – ganz abgesehen davon, dass eure Freunde bass erstaunt sein werden.

- *Die Wellen wühlen den Sand auf und die Strömung trägt ihn fort*
Gäbe es weder Wind noch Wellen, bliebe der Sand genau dort, wo er ist. Wenn jedoch die Wellen brechen und dabei Energie freisetzen, werden die Sandkörner des Meeresbodens in Wolken aufgewirbelt und schweben erst einmal im Wasser. Wird dieser schwebende Sand nun von einer unterseeischen Strömung abgefangen, trägt diese ihn davon.

- *Je gröber das Sediment, desto schmaler und steiler der Strand*
Steine und Kies schwimmen nicht sonderlich gut, und um sie zu bewegen ist eine beachtliche Menge Energie vonnöten. Aus diesem Grund stammen die Bestandteile von Schotterstränden weitgehend aus der unmittelbaren Umgebung und sammeln sich ganz langsam an, wobei ein schmaler und steiler Strand entsteht: Steinchen gleiten nicht ohne weiteres übereinander hinweg. Stoßt ihr auf einen eher breiten Schotterstrand, ist er wahrscheinlich künstlich angelegt. Sand wird hingegen mit Leichtigkeit von Wind und Strömungen bewegt, weshalb Sandstrände meist flach und breit sind.

- *Große Wellen befördern Sand aufs Meer hinaus und kleine bringen ihn zurück*
Bei Sturm wirbeln große Wellen eine Menge Sand vom Meeresgrund auf, den die Strömung anschließend ins offene Meer zieht. Unter eher alltäglichen Witterungsverhältnissen geben die kleinen Wellen, mit ihrem unaufhörlichen Auf und Ab in der Brandung, ebendiesen Sand langsam an den Strand zurück. Wie viel Sand sich an einem Strand befindet, hängt also auch davon ab, wie viele Stürme bereits darüber hinweggefegt sind und wie lange das letzte Unwetter zurückliegt.

⊛ EIN STRAND IM WANDEL

In Abhängigkeit von dem jeweiligen Profil verhält sich jeder Strand auf seine Weise. Aber was genau ist mit dem »Verhalten« eines Strandes gemeint?

Es geht hier um ein dynamisches System, das auf jede Einwirkung von außen mit Veränderung reagiert.

Glücklicherweise sind die meisten dieser Reaktionen vorhersehbar. Jeder Strand verhält sich seiner jeweiligen Morphologie entsprechend.

a) Dissipationsstrand

b) Übergangsstrand

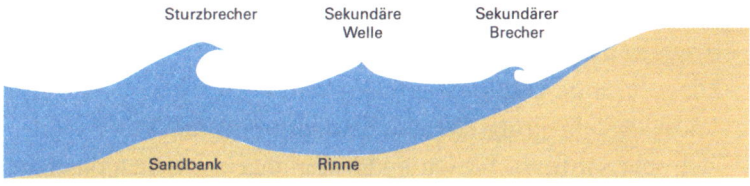

c) Reflexionsstrand

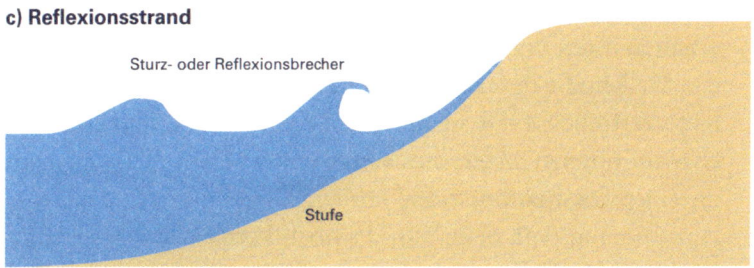

Abbildung 2 – Strandtypologien

• *Schmale und steile Strände*

Es gibt drei Situationen, die zur Bildung eines solchen Strandes führen können. Erstens, wenn er fast ausschließlich von kleinen Wellen berührt wird, weshalb die Sandkörner ihrerseits nicht ausreichend Schwung erhalten, um sich von der Stelle fortzubewegen, an der die Wellen brechen. Stattdessen werden sie übereinandergeschichtet. Oder es ist nicht genug Sand vorhanden, so dass der einmal entstandene Strand nicht weiter wächst, sondern immer steiler wird. Die dritte Variante haben wir bereits erwähnt. Sie tritt auf, wenn die Sedimente besonders grob ausfallen. Schmale und steile Strände nennt man *reflexiv*. Weshalb? Das hat nichts mit nachdenken zu tun. *Reflexionsstrände* heißen so, weil ein Teil der Energie, die das Brechen der Wellen freisetzt, in Richtung des offenen Meeres reflektiert wird – sie prallt praktisch ab. Diesen Typ kann man leicht an regelmäßigen Zacken erkennen (flachen und bogenförmigen Einbuchtungen parallel zur Strandlinie, deren spitz zulaufende Ränder aufs Meer weisen) sowie an deutlich ausgeprägten Stufen. Sein steiles Profil führt zu Sturz- und Reflexionsbrechern (vgl. Seite 26), die Badenden gefährlich werden können.

• *Breite und flache Strände*

Diese Strände zeichnen sich aus durch sehr feine Sedimente und/oder sehr große Wellen. Dadurch fällt das Profil tendenziell sehr sanft ab. Wellen und Strömungen verteilen die Sandkörner weiträumig und schaffen so eine flache und breite Brandungszone (*surf zone*). Diese sogenannten *Dissipationsstrände* erhalten ihren Namen von den weit vor dem Strand brechenden Wellen, die ihre Energie somit auf einem großflächigen Gebiet zerstreuen (»Dissipation«). Beginnt die Brandungszone eher im offenen Meer, durchsetzt von weißem Schaum, habt ihr einen Dissipationsstrand vor euch. Hier gibt es zwar keine Ripströmung (vgl. Seite 50), dennoch können durchaus Sandbänke und tiefe Rinnen auftreten. Die häufigsten Wellen sind Schwallbrecher.

- *Übergangsstrände*

  An vielen Stränden gibt es Wellen mittlerer Größe, während die Sedimente weder allzu fein noch allzu grob ausfallen: Ein Mittelweg zwischen reflexiven und dissipativen Strandtypen. Innerhalb dieser Kategorie sind sehr unterschiedliche Strände vertreten, die jedoch meist Sandbänke und Rückströmungen aufweisen. Im Allgemeinen haben sie einen recht regelmäßigen Lebensrhythmus und sind in der Fachliteratur nach der Form ihrer Sandbänke benannt. Nach starken Stürmen, wie sie typisch für den Winter sind, werden häufig große Mengen Sand ins Meer hinausgezogen. Es entstehen Sandbänke (Barren) parallel zur Küste, die durch eine tiefe Rinne vom Strand getrennt sind. Die Wellen brechen hier zweimal. Wenn sie auf die Sandbank treffen, das erste Mal, dann wieder näher am Ufer. Nimmt die Größe der Wellen ab, bewegen die Bänke sich langsam auf den Strand zu. Es entstehen leicht gekrümmte Buchten, in denen gefährliche Ripströmungen verlaufen. Werden die Wellen noch kleiner, verschmelzen die einzelnen Sandbänke zu großen Barren, die rechtwinklig zum Strand stehen und zwischen denen Rückströmungskanäle verlaufen. Schließlich füllen sich diese Kanäle mit Sand auf und bilden eine breite »Terrasse«, die in Ufernähe noch einige Hügel aufweisen kann. Wie viel Zeit nimmt dieser idealtypische Kreislauf in Anspruch? Das hängt zum einen davon ab, was für Wellen in der Regel auf den Strand niedergehen, zum anderen von der Häufigkeit der Stürme: Es könnte Wochen oder sogar Monate dauern, denn sobald sich ein Unwetter bildet, beginnt alles von neuem.

Diese Mechanismen bestimmen die Form eines Strandes zu jeder Jahreszeit. In den Wintermonaten könnte euer Lieblingsstrand nicht wiederzuerkennen sein, weil heftiger Wellengang den Sand ins Meer befördert und den Strand zu einem mickrigen Strich zurückgestutzt haben könnte. Dann ist es Aufgabe der sanften Sommerwellen, ihn wieder mit Sandkörnern aufzupäppeln und mit Menschen zu füllen.

≋ EIN STRAND AUF DEM RÜCKZUG

Jeder Strand ist ein System, das konstanter Evolution unterworfen ist. Dessen werden wir uns bewusst, wenn wir ihn vor und nach einem Sturm betrachten oder ihn erst nach Monaten oder Jahren das nächste Mal besuchen. Auch ein Strand, den wir schon unser ganzes Leben kennen, entwickelt sich weiter. Wahrscheinlich ist er im Begriff, sich zurückzuziehen, auch aufgrund des ansteigenden Meeresspiegels (vgl. Kasten *Das Schicksal der Strände im Schatten des Klimawandels*). Dazu kommt es mit dem Vorrücken der Meere immer häufiger. Im Grunde sorgt derselbe Prozess, der den Strand in der uns bekannten Form erst hat entstehen lassen, tatsächlich nun auch dafür, dass er sich zunehmend zurückzieht. Was Wind und Stürme abtragen, wird auch wieder irgendwo abgelegt, doch braucht es dafür Zeit. Ohne die Menschen würde diese schleichende Entwicklung das Ökosystem des Strandes gar nicht weiter stören. Dummerweise sind die Küsten dieses Planeten mit Gebäuden übersät, die den Rückgang verhindern. Somit wird die Erosion zu einem Problem, das Häuser und Hotels gefährdet.

Leider ist es beinahe unmöglich, die Erosion eines Strandes aufzuhalten. Man hätte erst gar nicht so nah am Ufer bauen dürfen, und die beste Lösung wäre es sicher, aufzugeben, die Gebäude einzureißen und an anderer Stelle neu zu errichten. So eine Strategie ist jedoch sehr teuer, weshalb der Küstenschutz verschiedene Erhaltungsmaßnahmen entwickelt hat. Einige davon stellen massive Eingriffe dar, andere hingegen lenken und fördern natürliche Prozesse, aber in beiden Fällen ergeben sich starke Auswirkungen auf die Umwelt.

Eine der simpelsten Methoden, um den Strand an seinem Platz zu sichern, besteht darin, massive und beständige Bauwerke zu errichten, die den Rückgang einschränken. Es handelt sich hierbei um Dämme und Ufermauern, die parallel zum Meer hochgezogen werden (vgl. Abbildung 3) und an zahlreichen Stränden zu sehen sind: Mauern aus Zement oder Stahl, lange Reihen von Felsen,

Stämmen oder Sandsäcken, die unmittelbar hinter dem Ufer oder doch in Ufernähe aufgestellt wurden. Manchmal wird daraus sogar eine Promenade, auf der man spazieren gehen kann. Schade nur, dass der Strand unmittelbar vor solchen Dämmen dazu verdammt ist zu verschwinden. Sie schützen zwar die dahinterliegenden Gebäude, doch das Meer wird so weit vorrücken, wie es kann, und seine Wellen werden nach und nach Sand und Kies davontragen. Ob es nun Jahrzehnte dauert oder Jahre – wir müssen uns unweigerlich von dem Strand verabschieden. Eine andere Möglichkeit stellen *Buhnen* dar, rechtwinklig zum Strand ins Meer ragende Aufschüttungen, Pfahlreihen oder Vergleichbares, deren Zweck darin besteht, von der Küstenlängsströmung (vgl. Seite 50) abtransportierten Sand aufzufangen und dem Strand hinzuzufügen, der geschützt werden soll. Hiermit wird das Problem jedoch nur verlagert: Während auf der einen Seite der Buhne der Strand tatsächlich anwächst, verschwindet er auf der anderen Seite vollständig. Das liegt daran, dass die Buhne den Sand abfängt, der eigentlich auf den verschwundenen Strandabschnitt gespült worden wäre.

Schließlich wird auch oft auf *Wellenbrecher* zurückgegriffen. Hierbei handelt es sich um parallel zum Strand errichtete dammartige Konstruktionen, die jedoch weit vor der Küste liegen. Wellen aus dem offenen Meer treffen auf die Wellenbrecher und setzen dadurch einen Teil ihrer Energie frei, während die übrige in Richtung Strand zerstreut wird, der somit verschont bleibt. Auch diese Maßnahme unterbindet jedoch die Küstenlängsströmung, sehr zum Nachteil der Strände, deren Erosion durch den andernfalls angeschwemmten Sand kompensiert worden wäre.

Neben solchen statischen Schutzmaßnahmen greift man inzwischen häufig auch auf flexiblere Lösungen zurück, die dem bereits angesprochenen dynamischen Gleichgewicht des Ökosystems Strand angemessener zu sein scheinen. Am häufigsten kommt dabei die sogenannte *Sandaufspülung* zum Einsatz. Das zugrundeliegende Prinzip ist ganz einfach: Geht einem Strand so langsam der Sand aus? Um das zu verhindern, muss man nur weiteren

Sand in großen Mengen herbeischaffen, um den Vorrat neu aufzufüllen, aus dem die Wellen schöpfen.

Ist es wirklich so leicht? Mehr oder weniger. Die so entstehenden Strände können ästhetisch äußerst ansprechend sein, man muss jedoch sehr darauf achten, den bestehenden Lebensraum zu erhalten. Der verwendete Sand muss dem vorhandenen möglichst gleichen, sowohl was die Korngröße angeht, als auch bezüglich der Zusammensetzung.

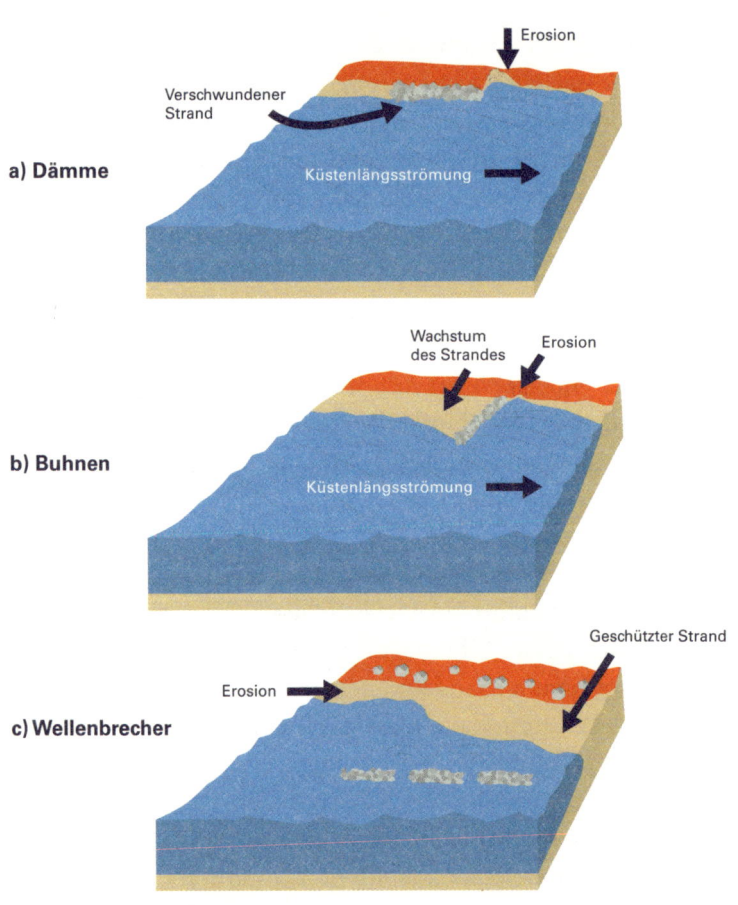

Abbildung 3 – Wie man den Strand schützen kann

Ihn vor der Küste auf dem offenen Meer zu »ernten« scheint also die beste Lösung zu sein. Auch dabei riskiert man jedoch schwerwiegende Folgen, da der Sand auf hoher See ebenfalls zu dem Vorrat gehört, aus dem sich die Wellen bedienen, um neue Sedimente ans Ufer zu tragen. Die Sandmenge hier drastisch zu verringern könnte die nahegelegenen Strände einem noch stärkeren Erosionsprozess aussetzen. Die Lebensdauer künstlicher Strände ist darüber hinaus sehr unterschiedlich. Manche überdauern Jahrzehnte, andere nur wenige Tage. Mit die größte Hürde für Aufspülungen dieser Art bleiben jedoch die hohen Kosten, weshalb diese Lösung gerade in Entwicklungsländern schwer umzusetzen ist. Ein Beispiel soll das verdeutlichen.

Der berühmte Strand von Miami in den Vereinigten Staaten wurde in den siebziger Jahren angelegt. Die Bauarbeiten dauerten fünf Jahre und kosteten 65 Millionen Dollar. Das entspricht der heutigen Summe von einer Milliarde Dollar (über 700 Millionen Euro).

DIE SCHÖNSTEN STRÄNDE DER WELT

Wo befinden sich die schönsten Küsten?
Als Antwort reicht ein Blick in die Top Ten des *Rough Guide*.

**1 KO PHA-NGAN
(THAILAND)**

Diese im Golf von Thailand
gelegene Insel hat Strände aus
feinstem weißem Sand, übersät
mit Kokospalmen, und ist
berühmt für seine rauschenden
»Full Moon Parties«.

**2 RAINBOW BEACH
(QUEENSLAND, AUSTRALIEN)**

Ein riesiger Strand, der seinen
Namen dem bunten Farbenspiel
seiner Dünen verdankt: Ilmenit,
Zirkon und Rutil färben den
Sand braun, schwarz, rot, orange
und gelb.

**3 KO PHI PHI DON
(THAILAND)**

Diese gespaltene Insel, deren
Hälften nur durch eine schmale
Landzunge verbunden sind,
beherbergt strahlend weiße
Strände inmitten eindrucksvoller
Felsformationen.

**4 STRAND VON AHAREN
(INSEL TOKASHI, JAPAN)**

Ein Strand mit außergewöhnlich
sauberem Wasser. Korallen,
Buckelwale, Rochen und Meeres-
schildkröten sind nur ein kleiner
Teil der vielfältigen Meeresbewohner.

5 PERHENTIAN KECIL (MALAYSIA)

Weiße Korallenstrände, türkisfarbenes Meer und Palmen machen diese Insel zu einem Schnorchel- und Tauchparadies.

6 STRAND VON PHRA NANG (THAILAND)

Feiner weißer Sand zeichnet diesen Strand aus, den man nur mit kleinen Booten erreichen kann. Steile Felswände machen ihn zu einem beliebten Ziel für Kletterer.

7 CAYO LARGO (KUBA)

Diese unbewohnte karibische Insel lockt mit hellen Kalkstränden und einem klaren, warmen und seichten Meer.

8 PANTAI TANJUNG RHU (MALAYSIA)

Kristallklares Wasser und ein friedlicher Korallenstrand wollen erobert werden: Um sie zu erreichen, muss man einen dichten Urwald durchqueren.

9 TULUM (MEXIKO)

Vor dem Hintergrund karibischer Sandstrände aus dem Bilderbuch erhebt sich eine einzigartige Stätte der untergegangenen Maya-Kultur.

10 WHITEHAVEN BEACH (AUSTRALIEN)

Körnchen aus reinstem Silizium reflektieren die Sonne so stark, dass man diesen strahlend weißen Strand ohne Sonnenbrille kaum betreten kann.

Das Schicksal der Strände
im Schatten des Klimawandels

Klimaforscher sind sich sicher: Die Temperatur der Erde steigt an, und Schuld daran ist der Mensch. Er hat Treibhausgase wie Kohlendioxid in die Atmosphäre geblasen, wodurch die Gletscher schmelzen und der Meeresspiegel steigt. Zwischen 1901 und 2012 sind die Ozeane weltweit um etwa 19 Zentimeter gestiegen. Das hat der Bericht des Intergovernmental Panel on Climate Change im September 2013 ergeben. Darin finden sich auch Vorhersagen: Verglichen mit dem Zeitraum 1986 bis 2005 könnte der Meeresspiegel zwischen 2018 und 2100 um mindestens 26 und maximal 98 Zentimeter steigen. Pessimistischere Forscher sprechen hingegen von bis zu zwei Metern, was der Zeitschrift »Nature« zufolge Auswirkungen auf das Leben von 187 Millionen Menschen haben könnte.

Die Strände werden sicher nicht von einem Tag auf den anderen verschwinden, aber im Verlauf von nicht einmal einem Jahrhundert werden große Veränderungen ihrer Gestalt und ihrer Lage eintreten. Manche Inseln, wie beispielsweise die Malediven, wird es schlichtweg nicht mehr geben.

Wie entstehen Dünen?

Strände sind das Produkt von Sand, der von Wellen davongetragen und am Ufer abgelagert wird, Dünen hingegen werden vom Wind gebildet. Sie sind ein sehr empfindliches natürliches Ambiente und erfüllen eine wichtige Aufgabe: Tatsächlich stellen sie die letzte Verteidigungslinie der Küste gegen Sturmfluten dar. Dünen gibt es nicht überall, und ihr Entstehen ist eng an den Strand gekoppelt. Es hängt ab von der vorhandenen Menge an Sand, von dessen Korngröße, aber auch von der vorherrschenden Windstärke. Jeder Strandtypus hat eine charakteristische Düne: An Reflexionsstränden entstehen üblicherweise kleine und widerstandsfähige Dünen, dissipative Strände liegen oft vor gewaltigen Dünen, die sich kilometerweit erstrecken. Die Vegetation spielt für die Ausgestaltung ihrer jeweiligen Merkmale eine große Rolle: Bäume und Büsche etwa stabilisieren die Düne und machen sie widerstandsfähiger.

VON WINDEN UND BRISEN

Wenn wir ausgestreckt in der Sonne liegen, ruft er sich gerne in Erinnerung: Wie aus dem Nichts trifft uns ein Windstoß voller Sand. Oder wenn wir aus dem Wasser kommen und sein kalter Griff unsere Zähne zum Klappern bringt. Der Wind. Weshalb bewegt sich die Luft? Und was genau sind Seebrisen und Landbrisen?

WIE DER WIND ENTSTEHT

Das Geheimnis des Windes ist schnell gelüftet: Überall dort, wo ein Druckunterschied besteht, entsteht eine Strömung. Genauer betrachtet: Die Luft entweicht von einem Hochdruckgebiet in Richtung des Tiefdruckgebietes. Je größer der Druckunterschied, desto stärker der entstehende Wind. Das ist wie bei einem Luftballon. Blasen wir ihn auf, erhöhen wir im Prinzip nur den Druck in seinem Inneren, und sobald sie kann, entweicht die Luft nach außen – wobei sie einen spürbaren Hauch erzeugt. Auch die uns umgebende Luft ist einem gewissen Druck ausgesetzt. Dieser *Luftdruck* bezeichnet an jedem Punkt auf diesem Planeten das Gewicht der Luftsäule, die auf diesem Punkt lastet. Auf Höhe des Meeresspiegels ist er am höchsten, und auf einem Quadratzentimeter lastet dort durchschnittlich etwa ein Kilogramm Luft. Im Gebirge nimmt der Druck hingegen ab, da mit zunehmender Höhe immer weniger Luft über uns liegt.

Luftdruck hängt jedoch nicht allein von der Höhe ab: Wir sind nämlich von einem Gasgemisch umgeben, das auch auf Temperaturunterschiede reagiert. Wird die Luft erwärmt, dehnt sie sich aus und verliert an Dichte und Druck. Kühlt sie ab, zieht sie sich dagegen zusammen, was eine höhere Dichte und höheren Druck bedeutet.

Mit dem archimedischen Prinzip im Hinterkopf (vgl. Seite 31) können wir uns denken, was mit der wärmeren Luft geschieht. Da sie leichter ist, steigt sie tendenziell nach oben, während die kältere aufgrund ihrer höheren Dichte nach unten sinkt, in Richtung der Erdoberfläche. Genau das geschieht auch in einem beheizten Raum, wenn sich gegenüber der Heizung ein geschlossenes Fenster befindet. Über dem Heizkörper steigt die warme Luft auf und wird in Richtung des Fensters geschoben, wo sie wieder abkühlt und zum Fußboden sinkt – und immer so weiter. Luftbewegungen dieser Art nennt man *Konvektion* oder *Wärmeströmung*.

Wieso man Wind in Knoten misst

Ein sehr starker Wind kann eine Geschwindigkeit von 30 Knoten erreichen, eine Brise wird eher um die fünf Knoten haben. Wer das Meer befährt, wird sich längst an diese Maßeinheit gewöhnt haben, die einer Seemeile (1852 Meter) pro Stunde entspricht. Der Knoten hat eine lange Geschichte. Im 16. Jahrhundert wollte man die Geschwindigkeit eines Schiffes erfassen, und jemand hatte eine ebenso geniale wie einfache Idee: Man nahm ein dünnes Seil (eine sogenannte *Leine*) und befestigte als Anker ein kleines Holzbrettchen daran. Alle 15,4 Meter war ein Knoten in die Leine gemacht. Um nun festzustellen, wie schnell sie sich fortbewegten, warfen Seeleute ihre Leine vom Heck eines Schiffes aus und zählten mithilfe einer Sanduhr, wie viele Knoten in 30 Sekunden durch ihre Hände liefen, während die Leine sich ausrollte. Dieses Instrument nannte man *Log*. So konnte man ganz einfach die Geschwindigkeit des Schiffes, die *Fahrt*, messen. Wieso genau 15,4 Meter Abstand? Das ist die Entfernung, die ein Schiff in 30 Sekunden zurücklegt, das sich mit einer Seemeile pro Stunde fortbewegt.

⟳ STEIFE BRISE!

Macht man Urlaub am Meer, bemerkt man oft einen leichten Wind, der tagsüber vom Meer her weht, während er nachts in entgegengesetzter Richtung vom Festland aus bläst. Auch diese Brise, die zwischen 7 und 20 km/h aufweist, wird vom Druck verursacht, der in diesem Fall von den Besonderheiten von Land und Meer abhängt (vgl. Abbildung 4). Wasser erwärmt sich langsamer als Erde und kühlt auch langsamer wieder ab. Daher ist die Luft über dem Meer tagsüber noch von der Kälte der Nacht beeinflusst, während die Luft auf dem Festland sich unter Einwirkung der Sonnenstrahlen schneller erwärmt und folglich leichter wird. Der daraus resultierende Druckunterschied verursacht die *Seebrise*, einen leichten Wind, der morgens vom offenen Meer auf die Küste weht. Am Abend bleibt hingegen die Meeresoberfläche länger warm, weil sie die tagsüber aufgenommene Wärme weniger schnell wieder abgibt als der Erdboden. Auch in diesem Fall besteht also ein Unterschied im Luftdruck, aufgrund dessen die Luft über dem Meer weniger dicht ist. Weil die schwerere Luft vom Festland aufs offene Meer strömt, entsteht die *Landbrise*.

Diesen Wind gibt es nicht nur am Meer. Überall dort, wo man große wassergefüllte Becken findet, weht eine *Seebrise*. Ähnliches geschieht in den Bergen, wo es *Talbrisen* und *Bergbrisen* gibt. Der Mechanismus ist derselbe, doch besteht der Druckunterschied zwischen den Berggipfeln und den Talsohlen. Die Gipfel werden nämlich morgens noch vor den Tälern erwärmt, wohingegen Letztere abends ihre Wärme länger bewahren können. Daher weht die Brise morgens aus der Tiefe in Richtung der Gipfel und abends umgekehrt von oben in die Täler hinab.

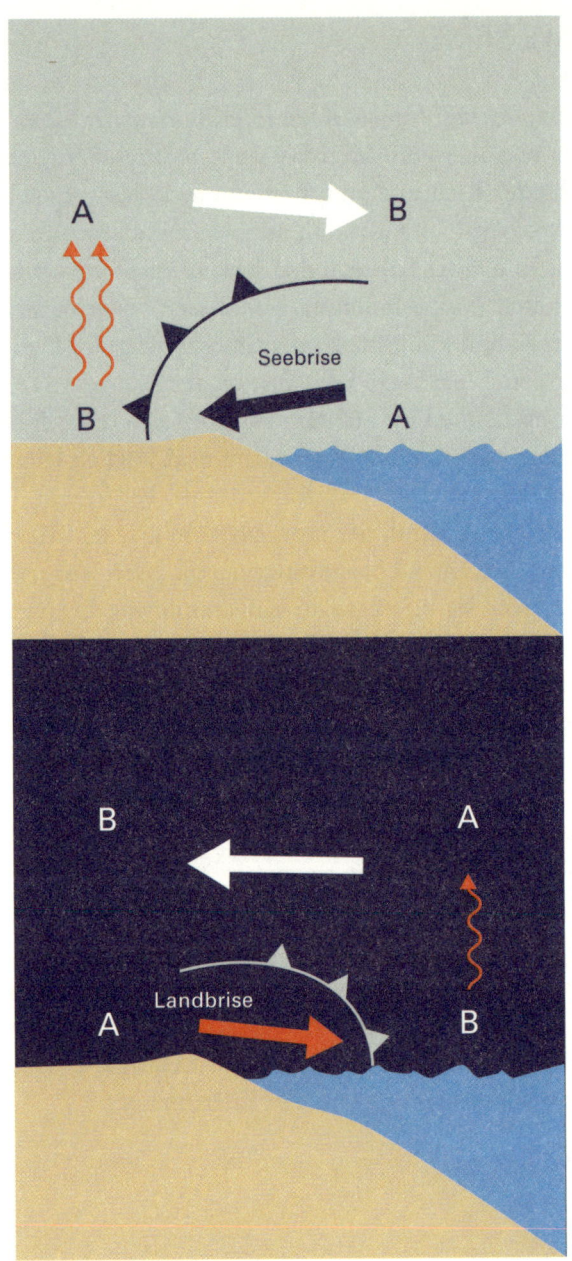

Abbildung 4 – Die Brisen

➲ WINDE WELTWEIT

Wie wir gesehen haben spielt Temperatur bei der Zu- und Abnahme des Luftdrucks eine große Rolle – und somit auch für die Geburt eines Windes. Der entscheidende Faktor für den jeweils unterschiedlichen Luftdruck an verschiedenen Orten der Welt ist leicht zu erraten: Es ist die Sonne. Die atmosphärische Zirkulation variiert nämlich in Abhängigkeit von der Bestrahlung, die unser Stern zur Verfügung stellt. Die Sonne erwärmt nicht den ganzen Planeten gleichmäßig und die Menge an Energie, die unsere Atmosphäre durchquert, hängt nicht allein von der Jahreszeit ab, sondern auch vom Breitengrad. Der Eintrittswinkel der Sonnenstrahlen ist der entscheidende Punkt: Je steiler der Winkel, desto stärker die Strahlung. Am Äquator treffen die Strahlen im rechten Winkel auf, in den Tropen schon stärker diagonal und an den Polen beinahe parallel. Daher ist unsere Atmosphäre zwischen dem Äquator und den Tropen wärmer und zwischen den Tropen und den Polen kälter.

Basierend auf dem, was bezüglich der Winde gesagt wurde, könnten wir mit einem konstanten Luftstrom vom Äquator zu den Polkappen und umgekehrt rechnen, ganz wie in dem genannten Beispiel mit der Heizung und dem Fenster. Tatsächlich müssen wir aber einen weiteren Faktor berücksichtigen: Die Erde dreht sich um die eigene Achse. Jeder Körper, der sich auf dem Planeten bewegt, ist von der *Corioliskraft* beeinflusst (vgl. Seite 53). Die Winde, die sich vom Äquator zum Nordpol bewegen, unterliegen einer Ablenkung im Uhrzeigersinn, wohingegen Winde, die vom Äquator nach Süden wehen, gegen den Uhrzeigersinn umgelenkt werden. Diese Kraft wirkt auf die globalen Luftströme des Planeten und schafft so sechs große Zirkulationszellen, jeweils drei pro Halbkugel (vgl. Abbildung 5).

Die *polare Zelle*, die *tropische Zelle* (oder *Hadley-Zelle*) und die *Zelle der mittleren Breiten* (oder *Ferrel-Zelle*) sind sich sehr ähnlich. Nehmen wir als Beispiel die Hadley-Zelle. Wie in einem geschlossenen Raum wird die kalte Luft am Äquator erwärmt und steigt in der Atmosphäre auf, wo sie sich in Richtung der Tropen bewegt. Mit zunehmender Entfernung verliert sie langsam an Temperatur, sie sinkt ab und wird wieder in Richtung des Äquators gedrückt. Der Kreislauf beginnt von vorne.

Dieses Modell veranschaulicht auch, woher die Winde kommen, die regelmäßig über unsere Atmosphäre hinwegfegen. Es gibt die *Passatwinde*, die in der Ferrel-Zelle entstehen und in der Nordhalbkugel aus Nordost, in der Südhalbkugel aus Südost wehen; die *Westwinde* in den tropischen Zellen, die aus Südwest (Nordhalbkugel) bzw. Nordwest (Südhalbkugel) wehen. Die *Ostwinde* der polaren Zellen bewegen sich von Nordost nach Südwest bzw. von Südost nach Nordwest. Schließlich gibt es noch die *Jetstreams* (oder *Strahlströme)*, die zwischen den polaren und den Ferrel-Zellen bzw. zwischen den Ferrel-Zellen und den Hadley-Zellen von West nach Ost wehen.

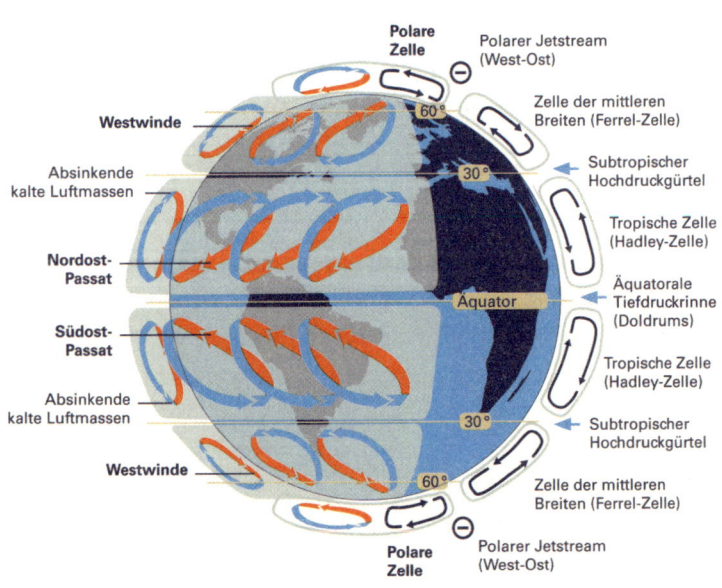

Abbildung 5 – Zellen atmosphärischer Zirkulation

Die Windrose

Dieses Symbol gehört zu den bekanntesten, die man mit dem Meer in Verbindung bringt, und stellt einen üblicherweise achtzackigen Stern dar, auf dem Ursprung und Namen der Winde verzeichnet sind (vgl. Abbildung 6). Wenngleich bereits die alten Griechen Namen für die Winde aus den vier *Kardinalpunkten* Norden, Osten, Süden und Westen hatten, erhielt die Windrose ihre heutige Gestalt erst im Mittelalter. Woher kamen die verwendeten Namen?

Versetzen wir uns zunächst ins Herz des Mittelmeers, unweit von Malta im Zentrum des Ionischen Meeres. Hier wurde auf alten Land- und Seekarten meist die Windrose eingezeichnet. Von dieser Position aus können wir uns leicht denken, wo-

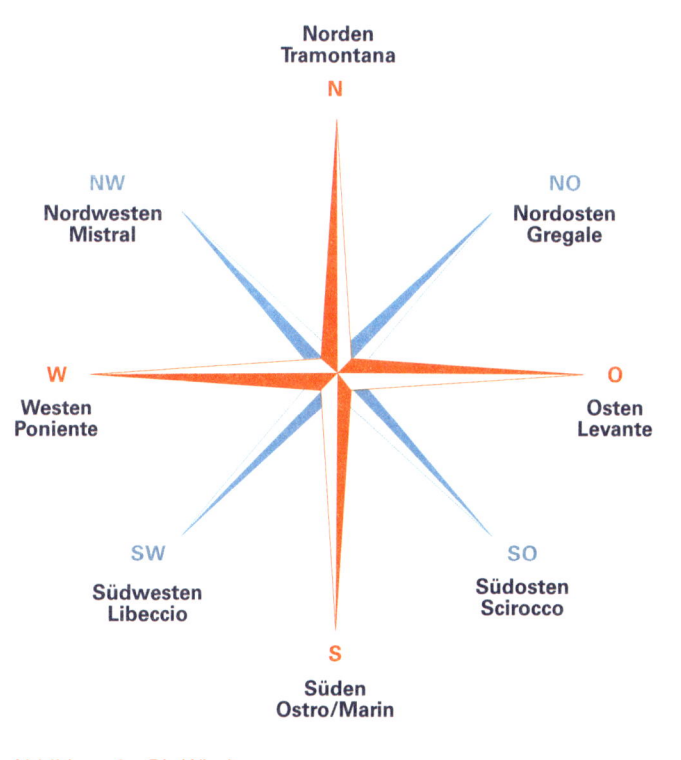

Abbildung 6 – Die Windrose

her der *Gregale* seinen Namen hat, der aus dem nordöstlich gelegenen Griechenland kommt (lat. *graecia*). Auch der *Mistral* (ältere Form *Maestral*) lässt sich schnell davon ableiten, dass er aus Nordwesten weht, wo sich die wichtigste Stadt der römischen Antike befand: Rom, die *Magistra Mundi*. Der *Libeccio* weht mehr oder weniger direkt aus dem im Südwesten liegenden Libyen (von lat. *libiticus*, »libysch«). *Levante* und *Poniente* bezeichnen schlicht die Himmelsrichtung, in der die Sonne im Morgenland – oft auch als Levante bezeichnet – aufgeht (Osten) bzw. in der die Sonne untergeht (Westen; von span. *poner*, »stellen, setzen, legen«, also in etwa: »wo die Sonne sich zur Ruhe legt«). Der *Scirocco*, aus Südosten, verdankt seinen Namen womöglich dem arabischen Wort *shulhùq* (»der aus dem Osten kommt«) oder einfach der Tatsache, dass er von Syrien her weht.

Aus Süden weht der *Ostro* (von lat. *australe*, »südlich«, bzw. *Auster*, dem Südwind in der römischen Antike) oder *Marin* (»vom Meer«). Bleibt die *Tramontana*, die gerne mit dem lateinischen Ausdruck *intra montes* erklärt wird (»zwischen den Bergen«), da dieser kalte Nordwind aus den Alpen kommt.

DIE WOLKEN ERKENNEN

Man könnte ihnen stundenlang zusehen, ausgestreckt im Sand, unter einem tief gewölbten Himmel. Woraus bestehen sie? Wie viele Formen können sie annehmen?

WAS WOLKEN SIND

Wolken sind Ansammlungen von kondensierten Wassertröpfchen oder Eiskristallen, die durch die Atmosphäre schweben. Diese Tropfen sind derart klein – ihr Durchmesser beträgt etwa einen Hundertstel Millimeter –, dass ein Kubikmeter Luft rund 100 Millionen Tropfen enthält.

Wolken sind Manifestationen horizontaler und vertikaler Luftbewegungen. Ihre Entstehungsgeschichte setzt vereinfacht dort ein, wo unter den Strahlen der Sonne Wasser aus Meeren, Seen und Flüssen in die Atmosphäre verdampft. Warme und feuchte Luft ist, wie bereits gezeigt wurde, sehr leicht und steigt in der Regel nach oben. Mit zunehmender Höhe sinkt die Temperatur, und die Luft kühlt nach und nach ab. Da kalte Luft weniger Wasserdampf enthalten kann als warme, kondensiert dieser aus. Der Dampf geht vom gasförmigen in den flüssigen Zustand über, und schon ist eine Wolke entstanden.

Die Erklärung dafür, dass Wolken durch die Luft schweben, statt auf den Boden herabzufallen, ist auch hier wieder im berühmt-berüchtigten archimedischen Prinzip zu finden (vgl. Seite 31). Sie weisen nämlich eine geringere Dichte auf als die sie umgebende Luft.

Bei gleichem Volumen wiegt trockene Luft in der Tat mehr als feuchte, da sie Stickstoff- und Sauerstoffteilchen enthält, die in feuchter Luft hingegen durch leichtere Wassermoleküle ersetzt werden.

Und Regen? Regen entsteht, wenn aufgrund von atmosphärischen Störungen die Wassertropfen innerhalb einer Wolke in Bewegung geraten und aneinanderstoßen. Nach und nach vereinen sich die Tröpfchen zu immer größeren und schwereren Tropfen, die ab einem gewissen Punkt nicht länger von der Luft getragen werden können und in Richtung Erdoberfläche fallen. Dasselbe gilt auch für Schnee, bei Temperaturen rund um den Gefrierpunkt.

☁ JEDER WOLKE IHREN NAMEN

Jeder von uns wird schon einmal irgendwo ausgestreckt den Wolken zugesehen und merkwürdige Gebilde in ihnen entdeckt haben. Wissenschaftler tun genau das, allerdings verzichten sie dabei auf Romantik und geben den Wolken präzise Namen, um sie besser studieren zu können.

Zunächst haben sie sie hierfür in zwei große Klassen eingeteilt, *Haufenwolken* (*Cumulus*, lat. »Haufen«) und *Schichtwolken* (*Stratus*, von lat. *sternere*, »ausbreiten«), je nachdem, wie sich die Luft bei Entstehung der Wolke verhält.

Wird die Aufwärtsbewegung der Luft nach dem Kondensationsprozess unterbrochen, ergibt sich eine Wolke mit stärker horizontaler Ausdehnung (Schichtwolke). Steigt im Gegensatz dazu der kondensierte Wasserdampf unvermindert in die Höhe, entwickelt sich die Wolke eher vertikal (Haufenwolke).

Basierend auf ihrer Höhe lassen sich Wolken außerdem als *tiefe* (bis zwei Kilometer), *mittelhohe* (zwischen zwei und sechs Kilometern) oder *hohe* Wolken (über sechs Kilometer) definieren. Woran erkannt man die unterschiedlichen Arten? Ein Blick auf Abbildung 7 und die folgenden Beschreibungen genügt.

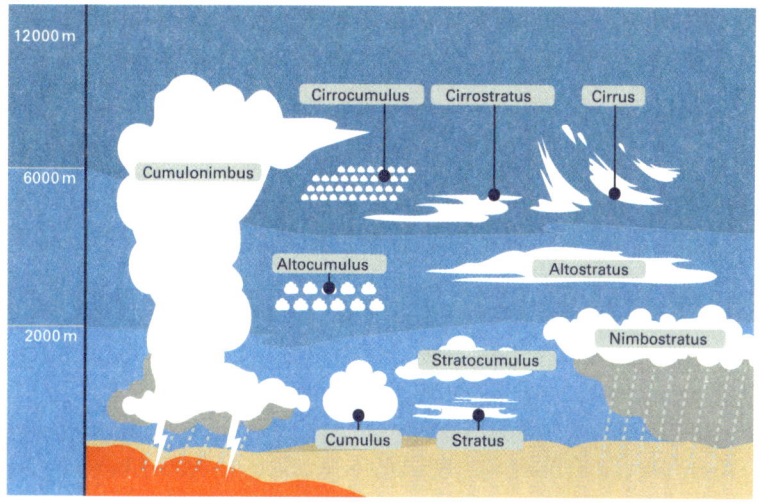

Abbildung 7 – Wolken

TIEFE WOLKEN

Stratocumulus: Diese Wolkenfelder besitzen eine weiße bis graue Färbung und bestehen aus rundlichen Elementen. In der Regel ist kein Niederschlag zu erwarten.

Stratus: Graue, sehr tief hängende Wolken, aus denen leichte Niederschläge wie Sprühregen oder Schneegriesel hervorgehen können. Wenn wir uns einen wolkenverhangenen Tag vorstellen, haben wir meist diese Wolken im Sinn.

Cumulus: Aus einer flachen, horizontalen Wolkenplatte ragen oft blumenkopfartige Formen in die Höhe, die im Sonnenlicht blütenweiß erstrahlen.

MITTELHOHE WOLKEN

Altostratus: Diese matten oder durchsichtigen weißen Wolken können sehr dick werden und bringen oft leichte Regenfälle.

Altocumulus: Eine weite Fläche rundlicher Wolkenballen, wie ein Feld aus Wattebauschen, oft mit Eigenschatten.

Nimbostratus: Die klassische schwarzgraue Regenwolke mit großer horizontaler Ausdehnung und ausgefransten Rändern.

HOHE WOLKEN

Cirrus: Der Name kommt aus dem Lateinischen und bedeutet ursprünglich »Büschel« oder »Locke«. Die so bezeichneten Wolken sind weiß, dünn und sanft gewellt, wie Locken. Sie bestehen aus Eiskristallen.

Cirrostratus: Diese Wolken sind von der Art her vergleichbar mit Cirruswolken, haben aber das Erscheinungsbild eines großen durchscheinenden Schleiers, der den Himmel bedeckt.

Cirrocumulus: Ein Feld kleiner weißer Wolken, die man am ehesten als die typischen »Schäfchenwolken« beschreiben würde. Jedes Schäfchen setzt sich aus Eiskristallen zusammen.

DER CUMULONIMBUS

Hierbei handelt es sich um einer wirklich außergewöhnliche Wolke. Ihre Basis befindet sich nämlich auf Höhe der tiefen Wolken, während ihr Gipfel den hohen Wolken Gesellschaft leistet: Von ferne hebt sie sich wie ein weißer Turm vom Himmel ab, wobei sie sich an der Spitze horizontal ausdehnt. Der Cumulonimbus ist die klassische Gewitterwolke, inklusive Blitz und Donner.

Ein plötzliches Sommergewitter

Es erscheint wie aus dem nichts, und im Nu sind wir klatschnass. Wer rechnet schon mit Regen, wenn der Himmel morgens wolkenlos und heiter über uns erstrahlt? Dabei ist es gerade die brütende Hitze der Sonne, die Sommergewitter erst möglich macht. In den Bergen, in der Stadt und auf dem Land ist das im Grunde nichts Neues, nur am Strand kommt es seltener dazu. Felsgestein, Asphalt oder ein gepflügter Acker absorbieren nämlich die Wärme der Sonne ohne große Schwierigkeiten. Im Laufe des Tages sammelt sich daher einiges an Energie an und die Luft in Bodennähe wird zunehmend erwärmt, wodurch sie in die Höhe steigt. Trifft sie dann auf niedrigere Temperaturen und weniger Druck, kondensiert der Wasserdampf und bildet schließlich eine Wolke. Sollten nun die atmosphärischen Verhältnisse das weitere Aufsteigen der Luft auch noch begünstigen, entwickelt sich die Wolke immer weiter, bis sie schließlich zu einem gewitterträchtigen Cumulonimbus wird. Daher behält man die Wettervorhersage am besten auch im Sommer im Blick: Nur weil der Vormittag schönes Wetter bereithält, ist man nachmittags nicht vor Regen geschützt.

Wenn die Sterne vom Himmel fallen

In der Nacht des 10. August – Namenstag des heiligen Laurentius – reckt so mancher stundenlang die Nase in der Hoffnung himmelwärts, eine Sternschnuppe zu erblicken. Der Strand eignet sich dafür ganz hervorragend. Während die einen sich mit jedem feurigen Aufblitzen etwas wünschen, genügt es den anderen vollkommen, einem faszinierenden Naturschauspiel beizuwohnen.

Allerdings fällt dabei nicht wirklich ein Stern vom Himmel, und der Feuerstreif, den wir am Himmel sehen und *Sternschnuppe* nennen – der Fachbegriff dafür ist *Meteoroid* –, ist in Wahrheit nur ein Materiefragment. Es tritt mit enorm hoher Geschwindigkeit in die Atmosphäre ein, wo es rasch verglüht. Diese Leuchterscheinung nennt sich *Meteor*: Sie entfaltet in einem Augenblick ihre volle Pracht und ist dann verschwunden.

Wie jeder Science-Fiction-Film zeigt, der diesen Namen verdient, ist es gar nicht so leicht, unbeschadet auf unserem Planeten zu landen. Tritt ein Meteoroid (oder ein beliebiges anderes Objekt) in unsere Atmosphäre ein, prallt er mit großer Wucht auf Luft – und erleidet die entsprechenden Konsequenzen: Auf die unmittelbar vor ihm liegenden Gasmoleküle wird extremer Druck ausgeübt, was sowohl das Gas als auch das Gesteinsmaterial des Objekts erhitzt. Mit zunehmender Temperatur fängt es Feuer und beginnt zu sublimieren, das heißt, es geht direkt von einem festen Aggregatzustand in einen gasförmigen über. Auf diese Weise wird der Gesteinsbrocken schnell verzehrt und zieht dabei nur einen leuchtenden Streifen hinter sich her (den Meteor). Ist das Fragment jedoch ausreichend groß, wird es zwar einen Großteil der eigenen Masse verlieren, aber am Ende doch noch auf die Erde stürzen. Dann nennt man es *Meteorit*, wie jeder noch wissen wird, der die Bilder des jüngsten und äußerst spektakulären »Meteoritenschauers« über Russland im Februar 2013 gesehen hat.

Verheerende Ereignisse wie dieser russische Meteoritenschauer sind nur schwer vorhersehbar, wenngleich wir ziemlich genau wissen, wann es sich lohnt, in der Hoffnung auf Sternschnuppen in den Nachthimmel zu starren. Das lässt sich leicht mit ihrem Ursprung erklären. All diese Fragmente stammen nämlich von Rückständen aus dem Schweif eines Kometen, der unser Sonnensystem durchquert hat. Wann immer die Erde auf ihrer Bahn in diesen Streif gerät, stürzen Bestandteile davon in unsere Atmosphäre. Die uns bekannten Meteorenströme treten jedes Jahr zur selben Zeit auf: Die Sternschnuppen, die man in der Nacht von Sankt Laurentius sehen kann, lassen sich zum Beispiel zwischen Ende Juli und dem 20. August blicken und erreichen ihren Höhepunkt um den 12. Es handelt sich dabei um die Rückstände des Kometen Swift-Tuttle, der unseren Winkel der Galaxis in gewissen Abständen aufsucht, zuletzt im Jahr 1992 und das nächste Mal 2126.

Jeder dieser Schwärme hat einen eigenen Namen: Im August besuchen uns beispielsweise die Perseiden, im November die Leoniden, im Dezember die Geminiden. Ihr Name hängt davon ab, an welcher Stelle sie am Himmel aufzutauchen scheinen, also in diesem Fall im Sternbild von Perseus bzw. des Löwen und der Zwillinge. Welches sind die idealen Voraussetzungen, um das himmlische Spektakel richtig genießen zu können? Ein dunkler Ort, fernab von starken Lichtquellen (wie beispielsweise Städten), und eine mondlose Nacht.

DAS MEER IM STURM

Ohrenbetäubendes Donnergrollen, der Himmel von Blitzen zerschnitten, gewaltige Wellen und ein Sturmwind, der alles mit sich reißt: Ein richtiges Unwetter mitzuerleben, sei es auf hoher See oder an der Küste, kann ziemlich beängstigend sein. Hier sind die Urgewalten der Natur am Werk, und der Mensch kann nur tatenlos zusehen.

Aus diesem Grund ist nicht verkehrt zu wissen, wie solch eine atmosphärische Störung entsteht, um entsprechende Vorbereitungen treffen zu können.

DIE KRAFT DER WINDE

Brise, Zug, Sturm oder Orkan – woran kann man das Wetter erkennen, wenn man sich mitten auf dem Meer befindet? Dass das überhaupt möglich ist, verdanken wir dem englischen Admiral Francis Beaufort, der eine Skala zur Einteilung der Windstärke entworfen hat. Interessanterweise wurde diese Skala das erste Mal in den dreißiger Jahren des 19. Jahrhunderts verwendet, und zwar an Bord der Beagle, ebenjenem Schiff, auf dem der junge Charles Darwin um die Welt gesegelt ist. Die Beaufortskala wurde als empirisches Maß entworfen, um anhand der Beobachtung des Meeres oder der Wellen Rückschlüsse auf die Windstärke ziehen zu können. Entstehen auf der Meeresoberfläche beispielsweise kleine Kräuselwellen in Schuppenform, ist das typisch für den *Zug*, einen schwachen Wind, der mit Geschwindigkeiten von bis zu sechs Kilometern pro Stunde weht. Ein ganz anderes Kaliber sind da die großen Wellen mit ihren weißen Schaumkämmen, die bei *starkem Wind* von 40 bis 50 Kilometern pro Stunde auftreten. Auf diese Weise beschrieb Beaufort das Meer von Windstille über Zug und Brise bis hin zu starkem Wind, Sturm und Orkan.

Windstärke in Beaufort (Bft.)	Windgeschwindigkeit Knoten	km/h	Bezeichnung der Windstärke	Wellenhöhe in m
0	0	0	Windstille	0
1	1–3	1–6	Leichter Zug	0,1
2	4–6	7–11	Leichte Brise	0,2
3	7–10	12–19	Schwache Brise	0,6
4	11–16	20–29	Mäßige Brise	1
5	17–21	30–39	Frische Brise	2
6	22–27	40–50	Starker Wind	3
7	28–33	51–62	Steifer Wind	4
8	34–40	63–75	Stürmischer Wind	5,5
9	41–47	76–87	Sturm	7
10	48–55	88–102	Schwerer Sturm	9
11	56–63	103–117	Orkanartiger Sturm	11,5
12	> 63	> 117	Orkan	> 14

Tabelle 2 – Die Beaufort-Skala

Bedingungen auf dem Meer	Bedingungen im Binnenland
Spiegelglatte See	Rauch steigt senkrecht empor
Kleine schuppenförmig aussehende Kräusel- wellen; noch ohne Schaumkämme	Windrichtung angezeigt durch den Zug des Rauches, aber nicht durch Windfahnen
Kleine Wellen, noch kurz, aber deutlich ausge- prägt; die Kämme sind glasig, brechen aber noch nicht	Wind am Gesicht fühlbar; Blätter säuseln; gewöhnliche Windfahnen vom Wind bewegt
Kämme beginnen sich zu brechen; der Schaum ist glasig; vereinzelt können kleine weiße Schaumköpfe auftreten	Blätter und dünne Zweige in dauernder Bewegung; der Wind streckt einen Wimpel
Wellen sind noch klein, werden aber länger; Schaumköpfe treten schon ziemlich verbreitet auf	Hebt Staub und loses Papier; dünne Äste werden bewegt
Mäßige Wellen; weiße Schaumköpfe in großer Zahl (vereinzelt Gischt)	Kleine Laubbäume beginnen zu schwanken; auf Seen bilden sich kleine Schaumkämme
Bildung großer Wellen beginnt; überall treten ausgedehnte weiße Schaumkämme auf (üblicherweise kommt Gischt vor)	Starke Äste in Bewegung; Pfeifen in Telegraphendrähten; Regenschirme schwierig zu benutzen
See türmt sich; weißer Schaum in Streifen in Windrichtung	Ganze Böen in Bewegung; fühlbare Hemmung beim Gehen gegen den Wind
Mäßig hohe Wellenberge von beträchtlicher Länge; Kanten der Kämme beginnen zu Gischt zu verwehen; der Schaum legt sich in gut aus- geprägten Streifen in Windrichtung	Bricht Zweige von den Bäumen, erschwert erheblich das Gehen
Hohe Wellenberge; dichte Schaumstreifen in Windrichtung; »Rollen« der See; Gischt kann die Sicht beeinträchtigen	Kleinere Schäden an Häusern (Rauchhauben und Dachziegel werden heruntergeworfen)
Sehr hohe Wellenberge mit langen überbrechen- den Kämmen; Schaumflächen bewirken, dass die Meeresoberfläche im Ganzen weiß aussieht; »Rollen« der See wird schwer und stoßartig; Sicht ist beeinträchtigt	Kommt im Binnenland selten vor; Bäume werden entwur- zelt; bedeutende Schäden an Häusern
Außergewöhnlich hohe Wellenberge (kleine und mittlere Schiffe können zeitweilig dahinter aus der Sicht verloren werden); See ist völlig von den langen weißen Schaumflächen bedeckt; überall weht Gischt; Sicht ist herabgesetzt	Kommt im Binnenland selten vor; begleitet von verbreite- ten Sturmschäden
Luft ist mit Schaum und Gischt angefüllt; See ist vollständig weiß; Sicht ist sehr stark herabge- setzt	Kommt im Binnenland selten vor; erhebliche und schwere Schäden

☷ EIN TIEF? REGENSCHIRM!

In Wettervorhersagen werden sie oft erwähnt: *Tiefdruckgebiete* und *Hochdruckgebiete*, kurz: Tiefs und Hochs (oder auch Zyklonen und Antizyklonen), die über unsere Breiten hinwegziehen und Wolken und Regen oder aber Sonnenschein und schönes Wetter mit sich bringen. Worum handelt es sich dabei genau?

Auf dem Satellitenbild stellen sich *Hochdruckgebiete* als ein elliptischer Ring von Wolken um eine leere Mitte dar. Dort befindet sich ein Bereich mit hohem Luftdruck, in dem die komprimierte Luft sich erwärmt und Wolken sich auflösen. Dabei entstehen mäßige Wetterschwankungen und schwache Winde, also in der Regel schönes Wetter. Im Winter können sie dennoch Nebel verursachen und im Sommer Gewitter.

Außertropische Tiefdruckgebiete sind hingegen Bereiche mit niedrigem Luftdruck, die atmosphärische Turbulenzen herbeiführen. Aus dem Weltall betrachtet sind sie leicht an ihrer Spiralform und dem Vorhandensein von Wolken zu erkennen. Ihr komplexer Entstehungsprozess – auch *Zyklogenese* genannt – spielt sich meist am Übergang von polarer Zelle und Ferrel-Zelle ab. Ein solches Tiefdruckgebiet entsteht, wenn kalte Luft auf warme Luft trifft, die sich in entgegengesetzter Richtung bewegt.

☷ WIE EIN ORKAN ENTSTEHT

Die Entstehung eines *tropischen Tiefdruckgebiets* (auch *tropischer Wirbelsturm*) hingegen verdankt sich einer einzigen Masse warmer und feuchter Luft. Dieses Tief entsteht in den Hadley-Zellen (vgl. Seite 179) und kann sich schnell in einen *tropischen Sturm* verwandeln (mit Windgeschwindigkeiten zwischen 60 und 120 Stundenkilometern), der wiederum zu einem *Orkan* werden kann (mit Windstößen von über 120 Stundenkilometern). Wird die Luft, in der sich diese Turbulenzen ereignen, über tropischen Gewässern mit mehr als 26 °C weiter erwärmt, entstehen Winde. Diese wiederum beginnen sich im Kreis zu drehen und einen großen Wirbel zu bilden, in welchem warme und feuchte Luftteilchen langsam nach oben steigen. Zu diesem Zeitpunkt setzt auch die Kondensation ein, es bilden sich Wolken, und der Sturm beginnt. Im sogenannten Auge des Sturms herrscht dabei Ruhe, wie auch Satellitenbilder zeigen. Außerhalb entstehen hingegen spiralförmige Sturmfronten. Der Mittelpunkt dieser Turbulenzen bleibt jedoch die eigentliche Antriebskraft: Warme, wasserhaltige Luft steigt weiterhin auf und verstärkt sowohl die Wolkenbildung als auch die Winde. Solange er sich über dem Meer aufhält, setzt sich auch das Wachstum des Wirbelsturms fort, bis er schließlich zu einem Orkan wird. Dank unserer Erkenntnisse über die Atmosphäre lässt sich die Flugbahn eines solchen Orkans vorhersagen: Er entsteht über dem Äquator, wo das Wasser am wärmsten ist, und bewegt sich unter dem Einfluss der Corioliskraft auf die Tropen zu (nach Westen auf der Nordhalbkugel und nach Osten auf der Südhalbkugel). Sobald er das Festland erreicht und nicht länger durch warme Luft gespeist wird, nimmt seine Kraft langsam ab, bis er sich schließlich auflöst.

Gibt es Orkane im Mittelmeer?

Auch im Mittelmeer können sich tropische Wirbelstürme bilden. Solche Stürme werden *Medicane* genannt (aus dem Englischen *mediterranean*, »Mittelmeer« und *Hurricane*, »Orkan«) und bestehen stets aus einem wolkenlosen Auge, das von heftigen Winden und Gewitterwolken umgeben ist. Sie entstehen genauso wie ihre tropischen Verwandten: Voraussetzung ist der Temperaturunterschied zwischen kalten Luftmassen und relativ warmen Gewässern.

Im Allgemeinen bilden sich solche Medicanes im Spätherbst, wenn die Meeresoberfläche noch etwa 26 °C aufweist und die Luft bereits abgekühlt ist. Sie erreichen jedoch selten die Stärke eines tatsächlichen Orkans.

Blitze am Strand

Eine große, freie Fläche ohne Hindernisse und ein gut leitendes Medium – das sind die idealen Voraussetzungen, um von einem Blitz getroffen zu werden. Deshalb muss man gerade am Strand auf Gewitter achten. Ein Blitz ist nämlich nichts anderes als Elektrizität, die frei zwischen einer Wolke und der Erdoberfläche fließt. Das ist das unnachgiebige Gesetz des Elektromagnetismus, dem zufolge zwischen zwei Objekten mit unterschiedlichem Spannungspotenzial ein elektrischer Strom fließt. Auch eine Gewitterwolke (Cumulonimbus) kann gespalten sein in eine positiv geladenen Rückseite und eine negativ geladene Vorderseite. Zieht eine solche Wolke nun vorüber, bewirkt sie auf dem Erdboden eine positive Ladung. Die Luft zwischen Wolke und Boden wird ionisiert (ihre positiven und negativen Ladungen spalten sich auf), wodurch ihre Leitfähigkeit erhöht und eine darauffolgende Entladung begünstigt wird.

Wo schlägt der Blitz ein? Spitz zulaufende und erhöhte Gegenstände sind die wahrscheinlichsten Kandidaten, da der elektrische Strom den kürzesten Weg zwischen Wolke und Boden wählt. Am Strand, also an einem in der Regel sehr flachen und weitläufigen Ort, sind stehende Personen und Sonnenschirme daher besonders gefährdet. Im Wasser ist es noch schlimmer: Salzwasser leitet elektrischen Strom ganz hervorragend, und auch wenn der Blitz uns nicht direkt erwischt, kann die Entladung sich über das Wasser ausbreiten und uns erfassen.

ABFALL AM STRAND

Selbst am Strand sind wir von ihnen umgeben. Die Rede ist von Abfällen, all den kleinen Resten und Überbleibseln, die wir womöglich während des Urlaubs an einem traumhaften Strand zurücklassen. Die Papiertüte, in der unser belegtes Brötchen eingewickelt war, die Plastikflasche, aus der wir getrunken haben, und die Tragetasche, mit der wir unseren Proviant an den Strand verfrachtet haben – ein achtloser Umgang mit diesen Dingen kann einen schönen Ort zugrunde richten. Für das pflanzliche und tierische Leben im Meer bedeuten solche Abfälle schnell das Ende.

⊚ MÜLL SO WEIT DAS AUGE REICHT

Glas, Kunststoff, Textilien, Keramik, Metall. All diese Produkte sind vom Menschen verarbeitet und kommen nicht natürlich am Ufer des Meeres vor. Vielleicht hat eines der gewaltigen Containerschiffe sie ins Meer gezerrt, die den Ozean durchpflügen, vielleicht war es ein Sturm, der über die Küste gefegt ist. Manchmal haben wir selbst die Überreste unseres Mittagessens am Strand liegen lassen, und der Wind, die Wellen oder die Flut haben sie ins Meer befördert. Befindet sich unser Abfall erst einmal in den Fängen der Wogen, ist es unmöglich vorherzusagen, wo er schließlich landen wird. Man denke nur an die berühmte Schiffsladung von Quietscheentchen, die 1992 auf See verloren gegangen ist: So manches dieser Spielzeuge ist noch immer auf den Weltmeeren unterwegs (vgl. Seite 54).

Dank des Strömungssystems der Ozeane können sich Abfälle über den ganzen Planeten verteilen. Wirft man in Kanada eine Plastikflasche ins Meer, kann sie ohne weiteres an der schottischen Küste landen oder aber sich zu einer der riesigen Müllinseln gesellen, die sich im Zentrum der großen Strömungskreisläufe befinden. Die bekannteste (und größte) dieser Inseln befindet sich im Nordpazifik. Unbehelligt von den Strömungen haben sich dort mehrere Millionen Tonnen Abfall angesammelt.

Von Menschenhand geschaffene Produkte sind überall: Sie treiben an der Meeresoberfläche, sie werden von den Strömungen in jede Tiefe hinab- und wieder heraufgespült, sofern sie sich nicht am Meeresgrund festsetzen, selbst an den unzugänglichsten Orten. Jedes Jahr werden sieben Milliarden Tonnen Abfall ins Meer gekippt – eine Ziffer, die dringend sinken sollte –, und dort werden sie sehr lange bleiben. Ein Papiertaschentuch benötigt beispielsweise drei Monate, bis es zersetzt ist, Plastikfolie oder Zigarettenstummel ganze fünf Jahre; eine Zeitung braucht bis zu einem Jahr, ein einziger Kaugummi fünf. Eine Getränkedose? Mehrere Hundert Jahre. Doch Kunststoff, der an einigen Orten 90 bis 95 % des gesamten Mülls ausmacht, ist erst nach tausend Jahren vollständig abgebaut. Glas überdauert die längsten Zeiträume und ist am schwierigsten vorherzusagen.

Neben den vom Menschen hergestellten Stoffen gibt es natürlich auch biologische Abfälle: Ein Apfelstrunk benötigt bis zu sechs Monate, eine Bananenschale hingegen bis zu zwei Jahre. Ganz zu schweigen von Fäkalien, die obendrein auch noch Krankheiten übertragen können.

DER PREIS DES MÜLLS

Jedes Stück Abfall, das auf dem Meer treibt, fordert seinen Preis. In erster Linie gefährdet es die Meeresbewohner, da Tiere sich leicht darin verfangen können. Sie können sich dann oft nur noch eingeschränkt oder gar nicht bewegen oder ersticken sogar daran. Das gilt beispielsweise für die vielerorts verwendeten Ringe, mit denen ein Sechserpack Getränkedosen zusammengehalten wird, aber auch für aufgegebene Utensilien der Fischerei, wie dem Meer überlassene »Geisternetze«.

Eine herkömmliche Plastiktüte kann von einer Meeresschildkröte leicht für ein Beutetier gehalten werden, weil sie unter Wasser einer Qualle ähnelt. Ganz zu schweigen von kleinen Plastikkügelchen, die wie die Eier zahlreicher Meeresbewohner aussehen. Ein Wasservogel wird keine Sekunde zögern, seine Jungen damit zu füttern. Dumm nur, dass dieser Müll sich im Organismus ansammelt und schnell den Verdauungstrakt verstopft oder den Magen füllt, was dem Vogel ein trügerisches Sattheitsgefühl vermittelt.

Werden hingegen scharfkantige Gegenstände wie Glasscherben oder Metallfragmente verschluckt, entstehen leicht Verletzungen, die obendrein zu Infektionen führen können. Auch der Meeresboden ist vor den Auswirkungen der Abfälle nicht sicher. Man denke allein an ein herrenloses Fischernetz, das von der Strömung mitgeschleift wird und einfach alles mit sich fortreißt.

Die Auswirkungen treffen jedoch nicht nur die Meeresbewohner und die Nahrungskette, vielmehr fordern Abfälle auch einen hohen wirtschaftlichen und sozialen Preis. Indem man das Meer mit Abfällen verseucht, nimmt man der Allgemeinheit ein wertvolles Gut weg und schadet außerdem dem Tourismus. Schwimmender Müll stellt zudem eine Gefahr für die Schifffahrt dar, und die Säuberung des Meeres ist eine äußerst schwierige und kostspielige Angelegenheit. Zu diesem Zweck werden vielerorts Initiativen gestartet, bei denen Freiwillige ihre Wochenenden damit zubringen, im Sinne des Allgemeinwohls Abfälle aufzusammeln.

Es ist zwar bewundernswert, die Dinge auf diese Weise in die Hand zu nehmen, dennoch müsste das Problem vielmehr an seinem Ursprung angegangen werden, indem man seinen Müll gar nicht erst herumliegen lässt. Denkt also bei eurem nächsten Strandbesuch daran, keinerlei Spuren zu hinterlassen. Und wenn ihr wirklich umweltbewusst handeln wollt, dann trennt euren Müll.

Wir sind von Plastik umgeben. Schaut euch um und ihr werdet schnell erkennen, was für eine große Rolle Kunststoff in unserem Leben spielt. Plastik gehört zu den genialsten Erfindungen aller Zeiten, mit einem großen Nachteil: Es ist so widerstandsfähig, dass es tausend Jahre benötigt, um abgebaut zu werden.

Beginnen wir mit den Grundlagen: Herkömmliches Plastik wird aus Erdöl hergestellt und besteht aus langen organischen Molekülketten (kohlenstoffhaltigen *Polymeren*), die wiederum aus einzelnen Sequenzen sich wiederholender Moleküle (*Monomere*) zusammengesetzt sind. Je nachdem, welche Monomere verwendet werden, können Chemiker unterschiedliche Kunststoffarten herstellen, die jeweils bestimmte Merkmale aufweisen. Eine der bekanntesten Formen ist *Polyethylenterephthalat* (PET), woraus Plastikflaschen bestehen. Die chemische Formel? Eine lange Verkettung identischer Monomere, die aus Kohlenstoff, Wasserstoff und Sauerstoff bestehen ($C_{10}H_8O_4$). Dieses Material hat thermoplastische Eigenschaften, was bedeutet, dass es sich bei Erhitzung leicht umformen (und somit recyceln) lässt. Andere Kunststoffe gehören hingegen zu den Duroplasten. Wenn diese einmal eine bestimmte Form erhalten haben, werden sie bei erneuter Erhitzung zersetzt.

Den Grund für die hohe Haltbarkeit von Plastik muss man in seiner Struktur suchen: Der Großteil der Kunststoffe ist nämlich chemisch inert, sie reagieren also nicht mit den Materialien, mit denen sie in Berührung kommen. Die gefährlichsten Substanzen, denen man im Haushalt begegnet, wie Salzsäure oder Ammoniak, befinden sich daher gewöhnlich in stabilen Plastikbehältern. Dieser Vorteil wird jedoch genau dann zum Nachteil, wenn wir Kunststoffe in der Natur zurücklassen: Sie sind nur schwer zu zerstören.

DANKSAGUNGEN

Es ist seltsam, zurückzuschauen und sich die Abfolge von Ereignissen zu vergegenwärtigen, die letzten Endes zu diesem Buch geführt haben. Ich habe auf meinem Weg viele Spuren im Sand hinterlassen, bis ich an diesen Punkt gelangt bin, doch der erste und wichtigste Anlass sind und bleiben meine Eltern, Valeria Troi und Paolo Gentile. Ihnen verdanke ich meine angeborene Neugier, den Drang, die Naturgesetze aufzuspüren, die sich rings um uns verbergen.

Die sonnigen Strände Griechenlands lieferten die unmittelbare Inspiration zu der *Wissenschaft unterm Sonnenschirm*, wo Gianluca Melandri meinen wissenschaftlichen Erzählungen sein neugieriges Gehör schenkte. Ihm ist es zu verdanken, dass jene Idee in meinem Geist heranwachsen konnte, die schließlich in diesen Seiten Gestalt angenommen hat.

Doch ihr würdet diese Seiten jetzt nicht lesen, ohne die Ratschläge und den Ansporn von Davide Coero Borga, der diesem Projekt als Erster seine Unterstützung gewährt hat. An seiner Seite steht eine Schar von befreundeten Wissenschaftlern und Autoren, die ganze Stapel von Büchern gewälzt haben, um mir Phänomene zu erläutern, die mir andernfalls ein Rätsel geblieben wären: Emanuela Bianchi, Giulia Rocco, Roberta Alessandroni, Alice Pace und Adrian Ostric.

Keinesfalls darf meine längst erweiterte Mailänder Familie fehlen, die stets mein Heimweh zu lindern versteht: Barbara Giulia Visentin, Alessandro Foletto, Andrea Curiat, Eugenia Burchi und die kleine Eva. Mit euch an der Seite ist alles leichter.

Ein Dankeschön auch an das gesamte Team von »Wired Italia«, wo Unbeschwertheit und Heiterkeit mit großer Professionalität einhergehen. Insbesondere an Massimo Russo, der uns mit Stolz erfüllt, bei »Wired« arbeiten zu dürfen, und an Federico Ferrazza, dem mein größter Respekt und meine tiefste Dankbarkeit gelten für all das, was er mir in diesen Jahren beigebracht hat.

Ein aufrichtiges und tief empfundenes »Danke« auch an all die Menschen, die mich bei Codice auf dieser Reise begleitet haben: Stefano Milano für seine Hilfsbereitschaft und seinen Enthusiasmus; Enrico Casadei für den notwendigen (und immer freundlichen) Druck; Giovanna Bova, der kein krummer Satz entwischt; und Alessandro Damin für seine meisterhaften Illustrationen. Schließlich auch an Vittorio Bo, der an dieses Buch geglaubt und seine Veröffentlichung überhaupt möglich gemacht hat.